吉林省矿产资源潜力评价系列成果，

是所有在白山松水间

辛勤耕耘的几代地质工作者

集体智慧的结晶。

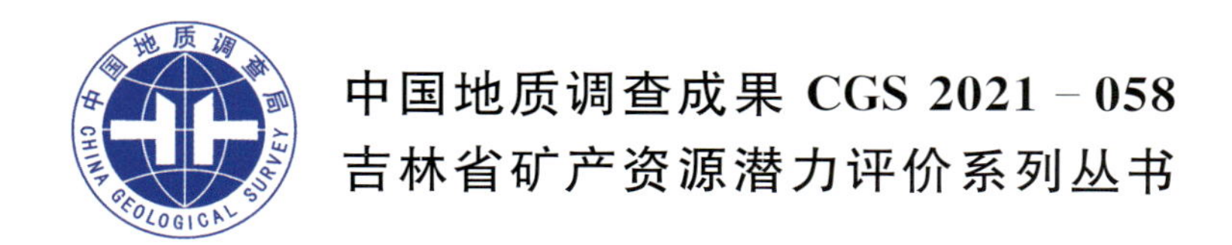

中国地质调查成果 CGS 2021 – 058

吉林省矿产资源潜力评价系列丛书

吉林省锑矿矿产资源潜力评价

JILIN SHENG TIKUANG KUANGCHAN ZIYUAN QIANLI PINGJIA

薛昊日　松权衡　王福亮　李楠　等编著

图书在版编目(CIP)数据

吉林省锑矿矿产资源潜力评价/薛昊日等编著. —武汉:中国地质大学出版社,2021.9
(吉林省矿产资源潜力评价系列丛书)
ISBN 978-7-5625-4921-5

Ⅰ.①吉…
Ⅱ.①薛…
Ⅲ.①锑矿床-矿产资源-资源潜力-资源评价-吉林
Ⅳ.①P618.660.623.4

中国版本图书馆 CIP 数据核字(2021)第 170219 号

吉林省锑矿矿产资源潜力评价 薛昊日 松权衡 王福亮 李楠 **等编著**

责任编辑:郑济飞 选题策划:毕克成 段勇 张旭 责任校对:张咏梅

出版发行:中国地质大学出版社(武汉市洪山区鲁磨路 388 号) 邮编:430074
电 话:(027)67883511 传 真:(027)67883580 E-mail:cbb@cug.edu.cn
经 销:全国新华书店 http://cugp.cug.edu.cn

开本:880 毫米×1 230 毫米 1/16 字数:167 千字 印张:5
版次:2021 年 9 月第 1 版 印次:2021 年 9 月第 1 次印刷
印刷:武汉中远印务有限公司

ISBN 978-7-5625-4921-5 定价:128.00 元

吉林省矿产资源潜力评价系列丛书
编委会

《吉林省锑矿矿产资源潜力评价》

编著者：薛昊日　松权衡　王福亮　李　楠　张红红
　　　　于　城　王　信　杨复顶　王立民　庄毓敏
　　　　李仁时　张廷秀　徐　曼　张　敏　苑德生
　　　　李春霞　袁　平　任　光　王晓志　曲红晔
　　　　宋小磊　李　斌

前　言

“吉林省矿产资源潜力评价”为原国土资源部中国地质调查局部署实施的“全国矿产资源潜力评价”省级工作项目，主要目标是在现有地质工作程度的基础上，充分利用吉林省基础地质调查和矿产勘查工作成果和资料，充分应用现代矿产资源评价理论方法和GIS评价技术，开展全省重要矿产资源潜力评价，基本摸清全省矿产资源潜力及其空间分布。开展吉林省成矿地质背景、成矿规律、物探、化探、遥感、自然重砂、矿产预测等各项工作的研究，编制各项工作的基础和成果图件，建立全省重要矿产资源潜力评价相关的地质、矿产、物探、化探、遥感、重砂空间数据库。吉林省锑矿矿产资源潜力评价是吉林省矿产资源潜力评价的工作内容，提交了《吉林省锑矿矿产资源潜力评价成果报告》及相应图件，系统总结了吉林省锑矿的勘查研究历史、存在的问题及资源分布，划分了矿床成因类型，研究了成矿地质条件及控矿因素。以临江市青沟子锑矿作为典型矿床研究对象，从吉林省大地构造演化与锑矿时空的关系、区域控矿因素、区域成矿特征、矿床成矿系列、区域成矿规律研究，以及物探、化探、遥感信息特征等方面总结了预测工作区及全省锑矿成矿规律，总结了重要找矿远景区地质特征与资源潜力。

目　录

第一章 概 述

吉林省锑矿矿产资源潜力评价是吉林省矿产资源潜力评价的重要矿种潜力评价之一，是在现有地质工作程度的基础上，充分利用吉林省基础地质调查和矿产勘查工作成果与资料，并应用现代矿产资源预测评价的理论方法和GIS评价技术，一是开展全省锑矿资源潜力评价，基本摸清锑矿资源潜力及其空间分布；二是开展与锑矿有关的成矿地质背景、成矿规律、物探、化探、遥感、自然重砂、矿产预测等工作的研究，编制各项工作的基础和成果图件，建立全省锑矿资源潜力评价相关的地质、矿产、物探、化探、遥感、重砂空间数据库；三是通过开展矿产资源潜力评价工作培养一批综合型地质矿产人才。

完成的主要任务有：按照大陆动力地学理论和大地构造相工作方法，依据技术要求的内容、方法和程序，对吉林省已有的区域地质调查和专题研究等资料包括沉积岩、火山岩、侵入岩、变质岩、大型变形构造等各个方面进行系统整理归纳。以1∶25万实际材料图为基础，编制吉林省沉积(盆地)建造构造图、火山岩相构造图、侵入岩浆构造图、变质建造构造图以及大型变形构造图，完成吉林省大地构造相图编制工作；在初步分析成矿大地构造环境的基础上，按矿产预测类型的控制因素以及分布，分析成矿地质构造条件，为矿产资源潜力评价提供成矿地质背景和地质构造预测要素信息，为吉林省重要矿产资源评价项目提供区域性和基础性地质资料，完成吉林省成矿地质背景课题研究工作。

吉林省锑矿矿产资源潜力评价是在现有地质工作的基础上，全面总结吉林省基础地质调查和矿产勘查工作成果与资料，充分应用现代矿产资源预测评价的理论方法和GIS评价技术，开展锑矿资源潜力预测评价，基本摸清吉林省锑矿资源潜力及其空间分布。重点研究锑典型矿床，提取典型矿床的成矿要素，建立典型矿床的成矿模式；研究典型矿床区域内地质、物探、化探、遥感和矿产勘查等综合成矿信息，提取典型矿床的预测要素，建立典型矿床的预测模型；在典型矿床研究的基础上，结合地质、物探、化探、遥感和矿产勘查等综合成矿信息确定锑矿的区域成矿要素和预测要素，建立区域成矿模式和预测模型。深入开展全省范围内的锑矿区域成矿规律研究，建立锑矿成矿谱系，编制锑矿成矿规律图；按照全国统一划分的成矿(区)带，充分利用地质、物探、化探、遥感和矿产勘查等综合成矿信息，圈定成矿远景区和找矿靶区，逐个评价Ⅴ级成矿远景区资源潜力，并进行分类排序；编制锑矿成矿规律与预测图。以地表至2000m以浅为主要预测评价范围，进行锑矿资源量估算。汇总全省锑矿预测总量，编制单矿种预测图、勘查工作部署建议图、未来开发基地预测图。

以成矿地质理论为指导，研究吉林省区域成矿地质构造环境及成矿规律，建立矿床成矿模式和区域成矿模式，圈定成矿远景区和找矿靶区，评价成矿远景区资源潜力，编制成矿(区)带成矿规律与预测图。

建立并不断完善与矿产资源潜力评价相关的物探、化探、遥感、自然重砂数据库，实现省级资源潜力预测评价综合信息集成空间数据库，为今后开展矿产勘查的规划部署奠定扎实基础。

对1∶50万地质图数据库、1∶20万数字地质图空间数据库、全省矿产地数据库、1∶20万区域重力数据库、航磁数据库、1∶20万化探数据库、自然重砂数据库、全省工作程度数据库、典型矿床数据库进行全面系统维护，为吉林省重要矿产资源潜力评价提供基础信息数据。用GIS技术服务矿产资源潜力评价工作的全过程(解释、预测、评价和最终成果的表达)。资源潜力评价过程中针对各专题进行信息集成工作，建立吉林省重要矿产资源潜力评价信息数据库。

取得的主要成果：

（1）系统地总结了吉林省锑矿勘查研究历史资源分布及存在的问题，划分了锑矿矿床类型，研究了锑矿成矿地质条件及控矿因素。

（2）从空间分布、成矿时代、大地构造位置、赋矿层位、围岩蚀变特征、成矿作用及演化、矿体特征、控矿条件等方面总结了预测区及全区锑矿成矿规律。

（3）建立了锑矿典型矿床成矿模式和预测模型。

（4）确立了预测工作区的成矿要素和预测要素，建立了预测工作区的成矿模式和预测模型。

（5）研究了吉林省锑矿勘查工作部署，对未来矿产开发基地进行了预测。

（6）用地质体积法预测了吉林省500m以浅和1000m以浅锑矿资源量。

第二章　以往工作程度

第一节　区域地质调查及研究

20 世纪 60 年代完成了吉林省 1∶100 万地质调查编图。自国土资源大调查以来，完成 1∶25 万区域地质调查 13 个图幅，面积 13.5 万 km^2；1∶20 万区域地质调查 32 个图幅，面积约 13 万 km^2；1∶5 万区域地质调查工作开始于 20 世纪 60 年代，大部分图幅部署于重要成矿（区）带上，累计完成面积约 6.5 万 km^2。工作程度见图 2-1-1、图 2-1-2、图 2-1-3。

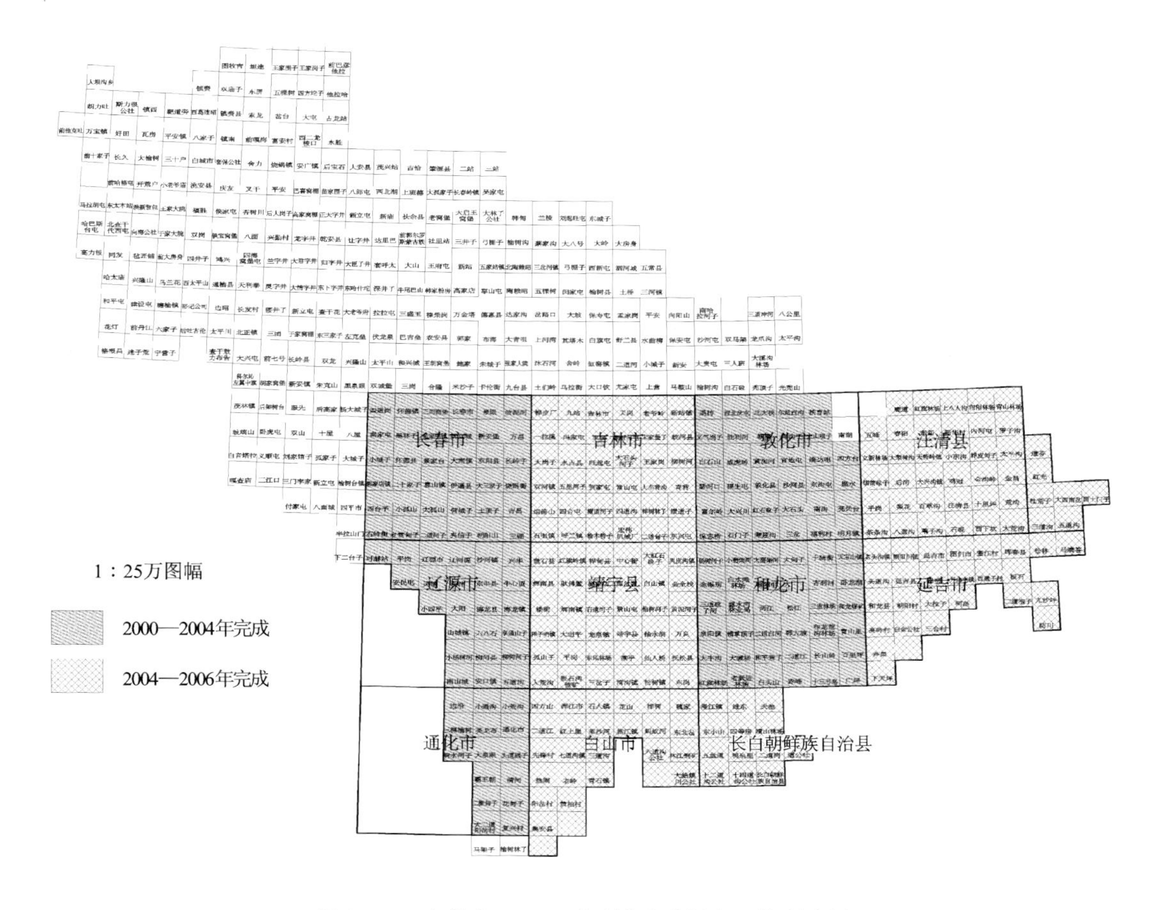

图 2-1-1　吉林省 1∶25 万区域地质调查工作程度图

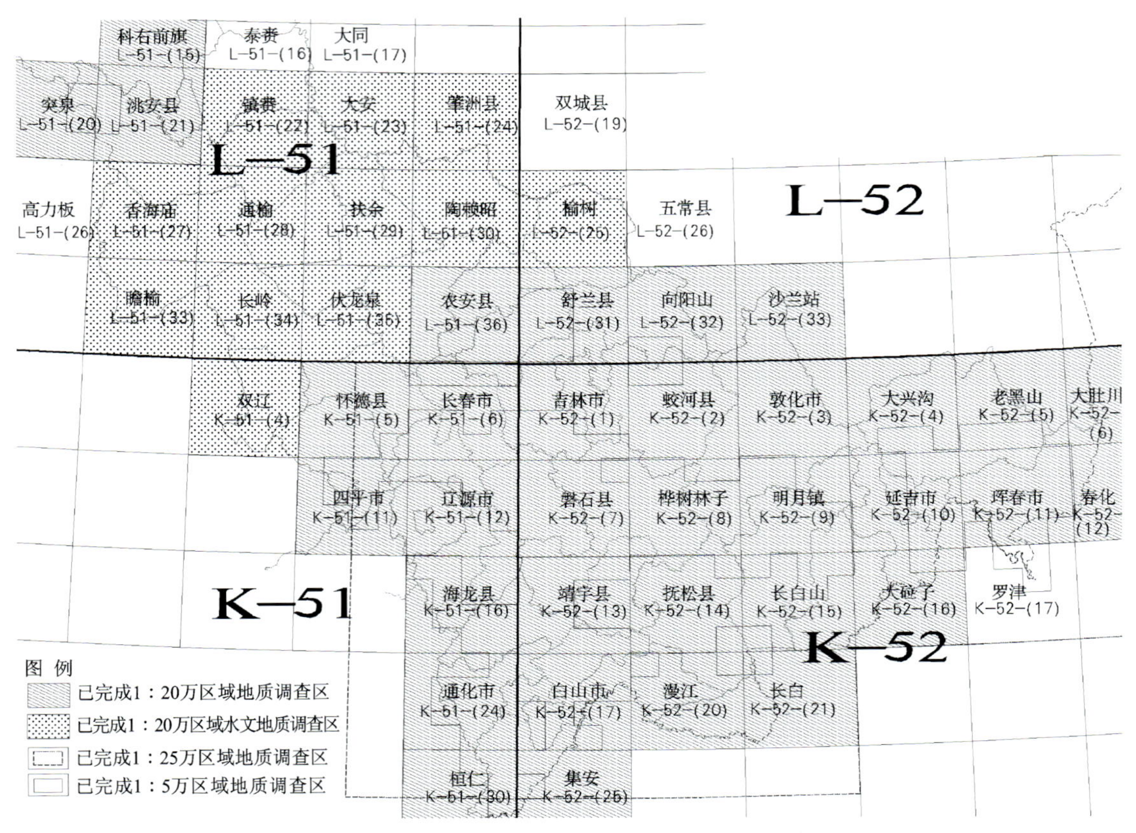

图 2-1-2　吉林省 1：20 万区域地质调查工作程度图

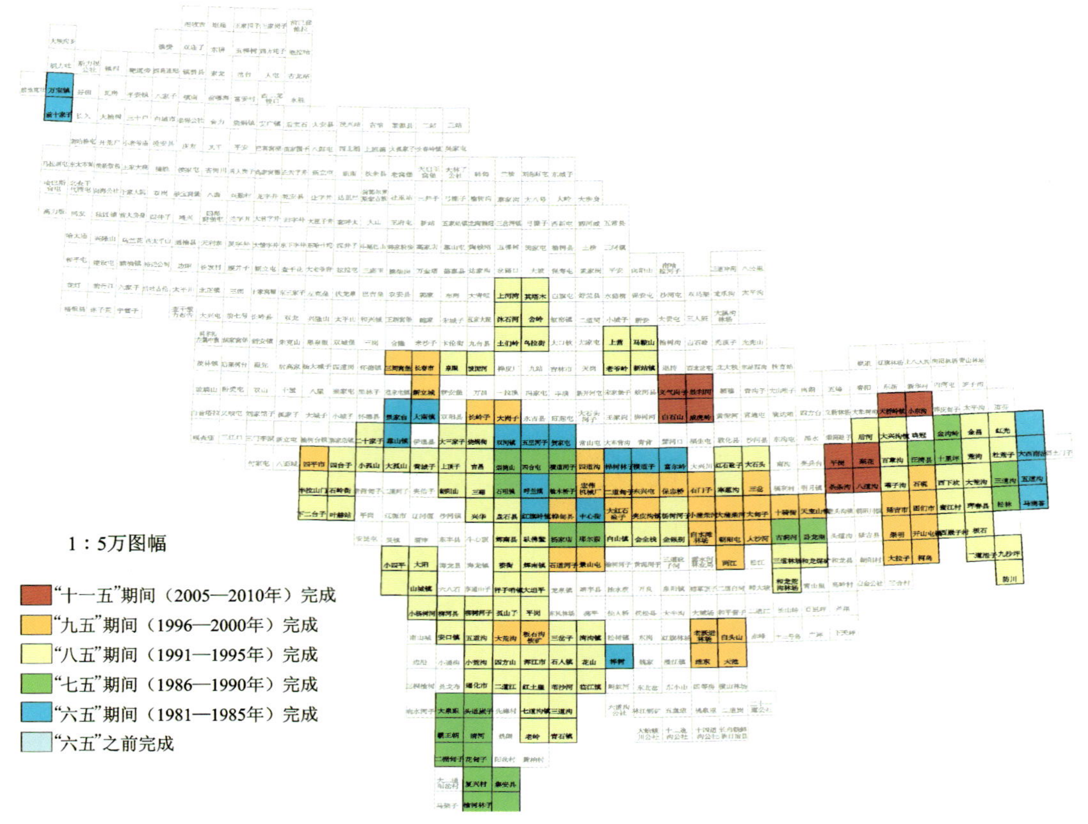

图 2-1-3　吉林省 1：5 万区域地质调查工作程度图

吉林省基础地质研究于20世纪60年代开始，至今仍在持续工作，可大致划分为如下几个时期：第一时期为20世纪60年代，利用已有的1∶20万区域地质资料，研究编制1∶100万区域地质图及说明书；第二时期为20世纪80年代，利用已有的1∶20万、1∶5万区域地质资料和1∶100万区域地质研究成果编制1∶50万区域地质志，同时提交了1∶50万地质图、1∶100万岩浆岩地质图、1∶100万地质构造图；第三时期为20世纪90年代，该时期主要针对吉林省岩石地层进行了清理。

第二节　重力、磁测、化探、遥感、自然重砂调查及研究

一、重力

吉林省1∶100万区域重力调查于1984—1985年完成野外实测工作，采用1∶5万地形图完成吉林省1∶100万区域重力调查成果报告。

1982年吉林省首次按国际分幅开展1∶20万重力调查，至今在吉林省东、中部地区共完成33幅区域重力调查图，面积约12万km^2。在1996年以前，采用航空摄影测量中的电算加密方法求取重力测点点位，1997年后，重力求取测定点位采用GPS。

吉林省1∶100万区域重力调查解释推断出66条断裂，其中34条断裂与以往断裂吻合，新推断出32条断裂。结合深部构造和地球物理场的特征，划分出3个Ⅰ级构造区和6个Ⅱ级构造分区。

通过分析吉林省东部1∶20万区域重力调查资料，综合预测贵金属及多金属找矿区38处；通过居里等温面、地温梯度等数据，发现长春—吉林以南、辽源—桦甸以北均属于高地温梯度区；通过深部剖面的解释，发现伊舒断裂带西支断裂F32、东支断裂F33及四平-德惠断裂带东支断裂F30，断裂走向北东向，与伊舒断裂平行，以上断裂为深大断裂。在吉南推断出71条断裂构造，圈定了33个隐伏岩体和4个隐伏含煤盆地。

二、磁测

吉林省的航空磁测是由地质矿产部航空物探总队实施的。1956—1987年间，完成了不同地质找矿目的、不同比例尺、不同精度的航空磁测工区，共计13个。完成1∶100万航磁15万km^2，1∶20万航磁20.9万km^2，1∶5万航磁9.749万km^2，1∶5万航电0.9万km^2。

由原吉林省地质矿产局物探大队编制的1∶20万航磁图，是吉林省完整的统一图件，对吉林省的生产、科研和教学等单位具有较大的实用意义，为寻找黑色金属、有色金属、能源矿产等提供了丰富的基础地球物理资料。

吉中地区航磁测量结果发现航磁异常250个，为寻找与异常有关的铁、铜等金属矿提供了线索。52个异常中，见矿或与矿化有关的异常6个，与超基性岩或基性岩有关的异常15处，推断与矿有关的异常31个。

通化西部地区航磁测量发现航磁异常142处，推断与磁铁矿有关的异常20处；基性—超基性岩体引起的异常14处，接触蚀变带引起的有望寻找铁、铜矿及多金属矿的异常10处。航磁图显示了本区构造特征。以异常为基础，结合地质条件，划出了6个找矿远景区。

延边北部地区航磁测量结果发现异常217处，首先，逐个地进行初步分析解释发现，其中有24处与

矿(化)有关。航磁资料中明显地反映出本区地质构造特征,如官地-大山嘴子深断裂、沙河沿-牛心顶子-王峰楼村大断裂、石门-蛤蟆塘-天桥岭大断裂、延吉断陷盆地等。其次对本区矿产分布远景进行了分析,提出了1个沉积变质型铁磷矿成矿远景区和4个矽卡岩型铁、铜、多金属成矿远景区。鸭绿江沿岸地区航磁测量结果发现288处异常,其中75处异常为间接、直接找矿指示信息。同时,确定了全区地质构造的基本轮廓,共划分出5个构造区,确定了53条断裂(带),其中有10条是对本区构造格架起主要作用的边界断裂。根据异常分布特点,结合地质构造的有利条件、已知矿床(点)分布及化探资料,划分出14个成矿远景区,其中8个为Ⅰ级远景区。

三、化探

完成1∶20万区域化探工作12.3万km^2,在吉林省重要成矿(区)带完成1∶5万化探约3万km^2,1∶20万与1∶5万水系沉积物测量为吉林省区域化探积累了大量的数据及信息,工作程度见图2-2-1。

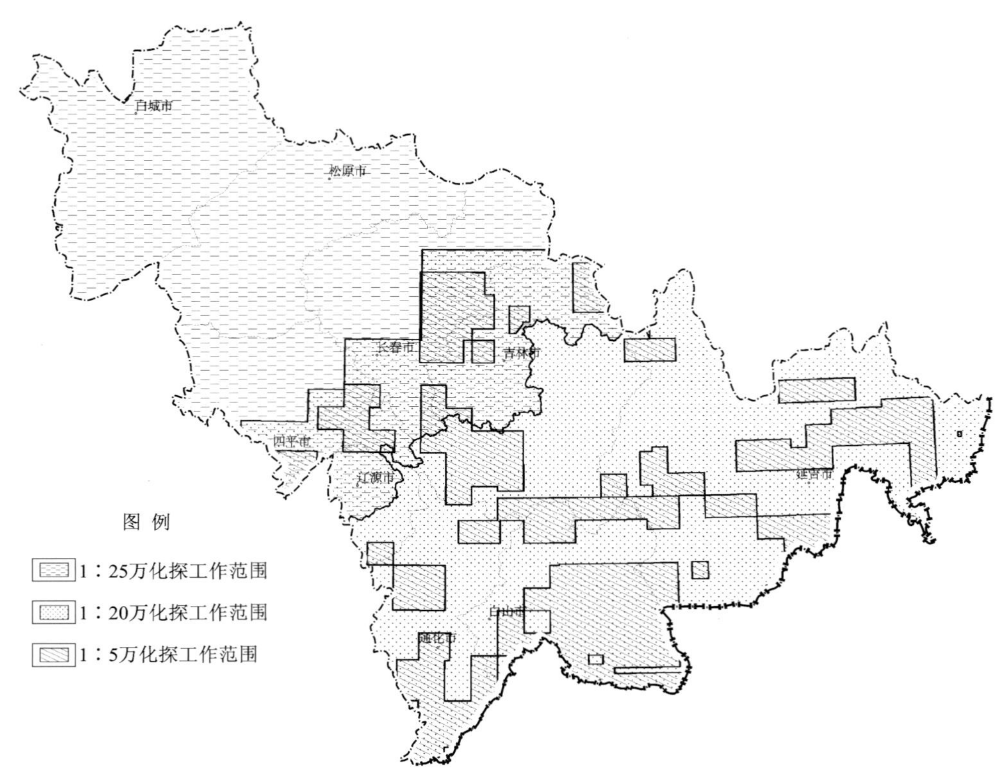

图2-2-1　吉林省地球化学工作程度图

中比例尺成矿预测,较充分地利用1∶20万区域化探资料,首次编制了吉林省地球化学综合异常图、吉林省地球化学图;根据元素分布分配的分区性,从成因上总结出两类区域地球化学场,一是反映成岩过程的同生地球化学场,二是成岩后的改造和叠生作用形成的后生或叠生地球化学场。

四、遥感

目前,吉林省遥感调查工作主要有“应用遥感技术对吉林省南部金-多金属成矿规律的初步研究”、“吉林省东部山区贵金属及有色金属矿产预测”项目中的遥感图像地质解译、“吉林省ETM遥感图像制作”以及2005年由吉林省地质调查院完成的吉林省1∶25万ETM遥感图像制作，工作程度见图2-2-2。

1990年，由吉林省地质遥感中心完成的“应用遥感技术对吉林省南部金-多金属成矿规律的初步研究”项目中，利用1∶4万彩色红外航片，以目视解译及立体镜下观察为主，对吉林省南部的线性构造、环状构造进行解译，并圈定了一系列成矿预测区及找矿靶区。

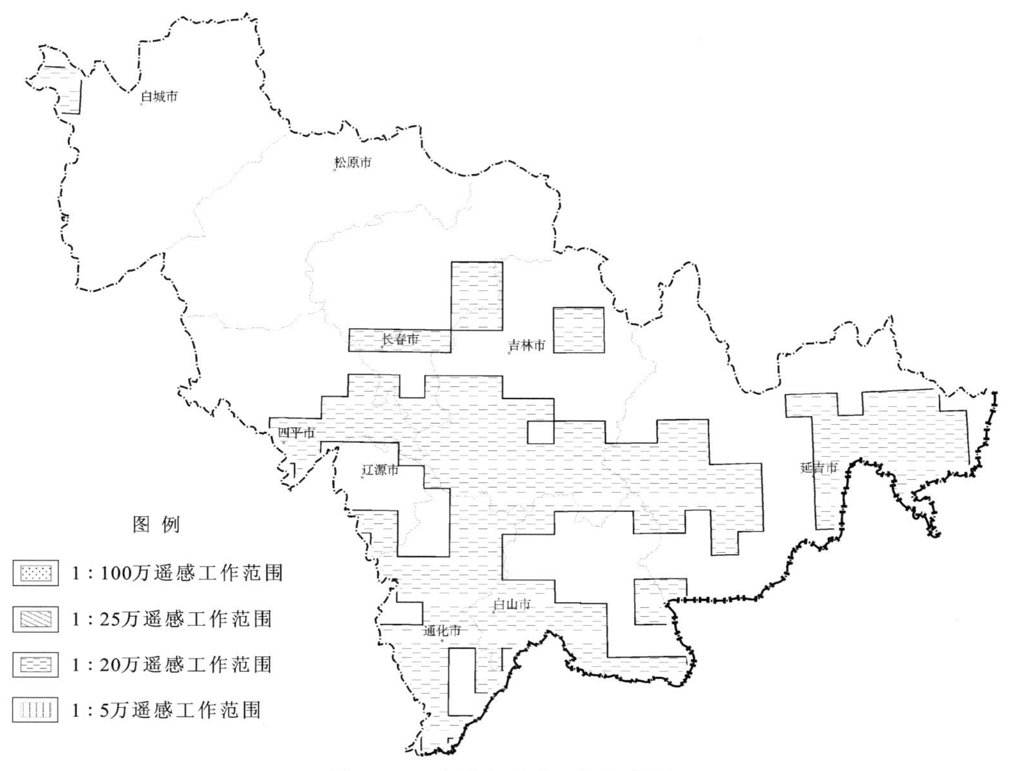

图2-2-2 吉林省遥感工作程度图

1992年，由吉林省地质矿产局完成的“吉林省东部山区贵金属及有色金属矿产成矿预测”中，以美国4号陆地卫星1979年、1984年及1985年接收的TM数据2、3、4波段合成的1∶50万假彩色图像为基础进行目视解译，地质图上已划分出的断裂构造带均与遥感地质解译线性构造相吻合。而遥感解译地质图所划的线性构造比常规地质断裂构造要多，规模要大一些。因而绝大部分线性构造可以看成是各种断裂、破碎带、韧性剪切带的反映。区内已知矿床、矿点多位于规模在几千米至几十千米的线性构造上，而规模数百千米的大构造带上，往往矿床矿点分布较少。

遥感解译出624个环形构造，这些环形构造的展布特征复杂，形态各异，规模不等，成因及地质意义也不尽相同。解译出岩浆侵入环形构造94个，隐伏岩浆侵入体环形构造24个，基底侵入岩环形构造6个，火山喷发环形构造55个及弧形构造围限环形构造57个，成因及地质意义尚不明的环形构造388个。

用类比方法圈定出Ⅰ级成矿预测区10个、Ⅱ级成矿预测区18个、Ⅲ级成矿预测区14个。

五、自然重砂

1∶20万自然重砂测量工作覆盖了吉林省东部山区。完成了1∶5万重砂测量工作图近20幅，大比例尺重砂工作很少。2001—2003年对1∶20万自然重砂数据进行了数据库建设；吉林省在开展金刚石找矿工作时，对全省重砂资料进行过分析研究，但仅限于针对金刚石找矿方面的研究。

1993年完成的吉林省东部山区贵金属及有色金属矿产成矿预测报告中，对全省重砂资料进行了全面系统的研究工作。

第三节　矿产勘查及成矿规律研究

截至2008年底，全省提交矿产勘查地质报告3000余份；已发现各种矿（化）点2000余处，矿产地1000余处；发现矿种158种（包括亚矿种），查明资源储量的矿种115种；全省发现锑矿床（点）4处，其中小型矿床3处，中型矿床1处。成因主要有火山热液型和岩浆期后热液型两种。

区内地质矿产研究及开发有悠久的历史，但1949年以前多以金、银、铅、铁等矿产的开采为主。1949年后的70余年来，吉林省地质矿产工作不断取得新的进展和成果。国民经济恢复和第一个五年计划的实施，使吉林省地质矿产工作迅速恢复，步入了以旧矿山的生产和开展为主的矿产普查勘探阶段，在该阶段发现了三合屯锑矿等金属矿床。

党的十一届三中全会决定把工作重点转移到以经济建设为中心的轨道上来以后，地质系统制订了“以地质-找矿为中心”的方针，为新时期地质矿产勘查工作的健康发展指明了方向。按地质成矿规律部署工作，矿产勘查工作取得了显著的成果，青沟子锑矿就是在这一时期发现的。

1987—1992年完成吉林省东部山区金、银、铜、铅、锌、锑和锡7种矿产的1∶20万成矿预测，该成果在收集、总结和研究大量地质、物探、化探、遥感资料的基础上，以“活动论”的观点和多学科相结合的方法，对吉林省成矿地质背景、控矿条件和成矿规律进行了较深入的研究和总结，较合理地划分了成矿（区）带和找矿远景区，为科学地部署找矿工作奠定了较扎实的基础。

第四节　矿产预测评价

1990年，吉林省地质矿产局第三地质调查所的《吉林省吉林地区金、银、铜、铅、锌、锑、锡中比例尺成矿预测报告》《吉林省四平—梅河地区金、银、铜、铅、锌、锑、锡中比例尺成矿预测报告》，吉林省地质矿产局第四地质调查所的《吉林省通化—浑江地区金、银、铜、铅、锌、锑、锡中比例尺成矿预测报告》，吉林省地质矿产局第六地质调查所的《吉林省延边地区金、银、铜、铅、锌、锑、锡中比例尺成矿预测报告》，为第一轮区划成果。1992年吉林省地质矿产局的《吉林省东部山区贵金属及有色金属矿产成矿预测报告》，为第二轮区划成果。2006年陈尔臻主编了吉林省成矿系列研究报告。

第五节　地质基础数据库现状

一、1∶50万数字地质图空间数据库

1∶50万数字地质图空间数据库是吉林省地质调查院于1999年12月完成的，该图是在原《吉林省1∶50万地质图》《吉林省区域地质志》基础上补充少量1∶20万和1∶5万地质图资料，并结合现代地

质学、地层学、岩石学等新理论和新方法，地层按岩石地层单位、侵入岩按时代加岩性和花岗岩类谱系单位编制。此图库属数字图范围，没有GIS的图层概念，适用于小比例尺的地质底图。目前没有对其进行更新维护。

二、1∶20万数字地质图空间数据库

1∶20万数字地质图空间数据库，共计有33个标准和非标准图幅，由吉林省地质调查院完成，经中国地质调查局发展中心整理汇总后返交吉林省。该库图层齐全，属性完整，建库规范，单幅质量较好。总体上因填图过程中认识不同，各图幅接边问题严重。按本次工作要求进行了更新维护。

三、吉林省矿产地数据库

吉林省矿产地数据库于2002年建成。该库采用DBF和ACCESS两种格式保存数据。矿产地数据库更新至2004年，按本次工作要求进行了更新维护。

四、物探数据库

1. 重力

吉林省完成东部山区1∶20万重力调查区26个图幅的建库工作，入库有效数据23 620个物理点，数据采用DBF格式且数据齐全。

重力数据库只更新到2005年，主要是对数据库管理软件进行更新，数据内容与原库内容保持一致。

2. 航磁

吉林省航磁数据共由21个测区组成，总物理点数据631万个，比例尺分为1∶5万、1∶20万、1∶50万，在省内主要成矿(区)带多数有1∶5万数据覆盖。存在问题：测区间数据没有调平处理，且没有飞行高度信息，数据采集方式有早期模拟的和后期数字的，精度为0～100nT。若要有效地使用航磁资料，必须解决不同测区间数据调平问题。本次工作采用中国国土资源航空物探遥感中心提供的航磁剖面和航磁网格数据。

五、遥感影像数据库

吉林省遥感解译工作始于20世纪90年代初期，由于当时工作条件和计算机技术发展的限制，缺少相关应用软件和技术标准，没能对解译成果进行相应的数据库建设。在此次资源总量预测期间，应用中国国土资源航空物探遥感中心提供的遥感数据，建设吉林省遥感数据库。

六、区域地球化学数据库

吉林省化探数据主要以1∶20万水系测量数据为主并建立数据库，共有入库元素39个，原始数据点以4km^{2}内原始采集样点的样品做一个组合样。此库建成后，吉林省没有开展同比例尺的地球化学填图工作，因此没有进行数据更新。由于入库数据采用组合样分析结果，因此入库数据不包含原始点位信息。这对划分汇水盆地确定异常和更有效利用原始数据带来一定困难。

七、1∶20万自然重砂数据库

自然重砂数据库的建设与1∶20万地质图库建设基本保持同步，入库数据35个图幅，采样47 312点，涉及矿物473个，入库数据内容齐全，并有相应空间数据采样点位图层。数据采用ACCESS格式。目前没有对其进行更新维护。

八、地质工作程度数据库

吉林省地质工作程度数据库由吉林省地质调查院2004年完成，内容全面，涉及地质、物探、化探、矿产、勘查、水文等内容。库中基本反映了自中华人民共和国成立后吉林省地质调查、矿产勘查的工作程度。采集的资料截至2002年，按本次工作要求进行了更新维护。

第三章　地质矿产概况

第一节　成矿地质背景

吉林省锑矿床的主要类型为岩浆热液型和火山热液型，与锑矿成矿有关的地层为寒武系—奥陶系的水洞组（$\in_1 s$）、馒头组（$\in_1 m$）、张夏组（$\in_2 z$）、崮山组（$\in_3 g$）、炒米店组（$\in_3 c$）、冶里组（$\in_3 O_1 y$）、亮甲山组（$O_1 l$）、马家沟组（$O_2 m$）；石炭系—二叠系的本溪组（$C_1 b$）、太原组（$C_2 t$）、山西组（$C_2 P_1 s$）、石盒子组（$P_{2\text{-}3} sh$）、孙家沟组（$P_3 sj$）；侏罗系—白垩系的小东沟组（$J_2 x$）、果松组（$J_2 g$）、鹰嘴砬子组（$J_3 y$）、石人组（$J_3 K_1 s$）、小南沟组（$K_1 x$）以及第四系全新统（Qh）地层。

（1）水洞组（$\in_1 s$）：在八道江组长藻灰岩之上具有紫色含磷碎屑岩系，由黄绿色、紫红色粉砂岩、含海绿石和胶磷矿砾石细砂岩、杂色胶磷砾岩、粉砂质磷块岩、铁质磷块岩夹粉砂质细砂岩和钙质粉砂岩组成，产小壳类和遗迹化石。厚 45.2m。

（2）馒头组（$\in_1 m$）：由含石膏岩系和上部的钙质碎屑岩系组成，可划分为两个段级地层单位，由紫色含铁泥质白云岩、含膏泥质白云岩、石膏、硬石膏、暗紫色含云母片粉砂岩、粉砂质页岩组成，产三叶虫。总厚 303.3m。

（3）张夏组（$\in_2 z$）：青灰色厚层鲕状生物屑灰岩，由生物屑灰岩、灰色薄状灰岩、海绿石灰岩、亮晶灰岩夹少量页岩组成，产大量的三叶虫和和少量牙形刺。厚 120.1m。

（4）崮山组（$\in_3 g$）：以碎屑岩为主夹有薄层灰岩的一套地层，下部为紫色粉砂岩、页岩夹薄层灰岩、竹叶状灰岩，上部为黄绿色紫色页岩、粉砂岩夹数层条带状灰岩，产三叶虫、牙形刺化石。厚 128.7m。

（5）炒米店组（$\in_3 c$）：为薄板状泥晶灰岩，由泥晶粒屑灰岩、泥晶—亮晶生物屑灰岩组成，本组以厘米级—毫米级层理为特点，产丰富的三叶虫、牙形刺和疑源类化石。厚 99.8m。

（6）冶里组（$\in_3 O_1 y$）：冶里组以中薄层灰岩为主，夹紫色、黄绿色页岩及竹叶状灰岩，产三叶虫、笔石、牙形刺等。厚 137.8m。

（7）亮甲山组（$O_1 l$）：以厚层灰岩及中厚层灰岩、豹皮状灰岩、角砾状燧石结核白云质灰岩为主夹少量竹叶状灰岩组成，产三叶虫、笔石及牙形刺等化石。厚 311.2m。

（8）马家沟组（$O_2 m$）：浅灰色厚层灰岩夹角砾状白云质灰岩、角砾状灰岩、质纯灰岩夹豹皮状灰岩、燧石结核灰岩组成，产三叶虫、头足类、腹足类和腕足类。厚 531.4m，与上覆石炭系平行不整合接触。

（9）本溪组（$C_1 b$）：以砂岩、粉砂岩、砾岩为主，底部含赤铁矿紫色页岩、铝土岩，湾沟一带砾岩层较厚，产植物和腕足类化石。厚 151.5m。

（10）太原组（$C_2 t$）：以砂岩、页岩为主，夹有生物碎屑灰岩、粒屑灰岩，灰岩层最多有 7 层，产蜓、牙形刺、腕足类和植物化石。厚 112.7m。

（11）山西组（$C_2 P_1 s$）：山西组由暗色砂岩、粉砂岩、页岩及煤层组成，产植物化石。厚 187.4m。

（12）石盒子组（$P_{2\text{-}3} sh$）：为杂色碎屑岩，产植物化石。厚 237.2m。

(13)孙家沟组(P_3sj):主要由红色、砖红色泥岩、粉砂质泥岩夹长石砂岩组成,红色泥岩中常含钙质结核,有时夹泥灰岩透镜体,产少量植物化石。厚262.1m。

(14)小东沟组(J_2x):为一套沉积杂色岩层,主要由页岩、砂岩、砾岩组成,产植物化石。厚209.7m。

(15)果松组(J_2g):下部以砾岩、砂岩为主,产少量植物化石;上部安山岩、安山质凝灰熔岩,局部有流纹岩、凝灰岩,产植物化石。厚1610m。

(16)鹰嘴砬子组(J_3y):含煤碎屑岩系,由砾岩、砂岩、粉砂岩、页岩及煤组成,产动植物化石。厚413.1m。

(17)石人组(J_3K_1s):下部为砾岩、砂岩,上部由凝灰质砂岩、碳质页岩、煤组成,局部夹少量凝灰岩,产植物化石。厚101.3m。

(18)小南沟组(K_1x):为红层,下部以紫色砾岩为主夹杂色粉砂岩,上部为杂色砂岩、粉砂岩夹紫色砾岩。厚941.2m。

(19)全新统(Qh):为冲洪积砂砾石层、沼泽砂泥、泥炭、风积砂、黏土、黑土等。厚5~50m。

第二节　区域矿产特征

一、成矿特征

吉林省内锑矿产地15处,其中有工业储量的产地4处,分别是磐石市驿马(三合屯)锑矿、桦甸市桦树乡锑矿、抚松县西林河锑矿、临江市青沟子锑矿。临江市青沟子锑矿成因类型为岩浆热液型,磐石县驿马(三合屯)锑矿为火山热液型。吉林省涉矿产地成矿特征见表3-2-1。

二、锑矿预测类型划分及其分布范围

临江市青沟子锑矿的预测类型为岩浆热液型,预测方法类型为侵入岩浆型,其分布范围为吉林省荒沟山—南岔地区。

磐石市驿马(三合屯)锑矿的预测类型为火山热液型,预测方法类型为侵入岩浆型,其分布范围为吉林省石咀—官马地区。

第三节　区域地球物理、地球化学、遥感、自然重砂特征

一、区域地球物理特征

(一)重力

1.岩(矿)石密度

(1)各大岩类的密度特征。沉积岩的密度值小于岩浆岩和变质岩。不同岩性间的密度值变化情况为:

表 3-2-1 吉林省涉锑矿产地成矿特征一览表

编号	主矿种	矿产地名	成矿类型	主矿产矿床规模	成矿时代	成矿年龄/Ma	年龄误差	测定方法	矿体空间组合类型
1	锑矿	磐石市驿马(三合屯)锑矿	火山热液型	小型矿床	晚侏罗世	206	9	铷锶法	脉状矿体
2	锑矿	桦甸市桦树乡锑矿	热液型	小型矿床	晚二叠世	162	35		透镜状一扁豆状矿体
3	金矿	伊通县新家乡	热液型	矿点	中侏罗世	178	3	氩氩法	脉状一透镜状矿体
4	金矿	伊通县新家乡青嘴子屯	热液型	矿点	泥盆纪	178	3	氩氩法	似层状一扁豆状矿体
5	金矿	伊通县新家乡新洪村	热液型	矿点	二叠纪	178	3	氩氩法	
6	金矿	伊通县头道乡李家屯	沉积 变质型	矿点	晚侏罗世				脉状一扁豆状矿体
7	锑矿	抚松县西林河锑矿	热液型	小型矿床	晚侏罗世				脉状一扁豆状矿体
8	锑矿	临江市青沟子锑矿	岩浆热液型	中型矿床	中生代	211.785		钾氩法	脉状一扁豆状矿体

沉积岩 1.51～2.96g/cm³；变质岩 2.12～3.89g/cm³；岩浆岩 2.08～3.44g/cm³；喷出岩的密度值小于侵入岩的密度值(图 3-3-1)。

(2)不同时代各类地质单元岩石密度变化规律。不同时代地层单元岩系总平均密度存在差异，其值大小随时代由新到老呈增大的趋势，具有地层时代越老，密度值越大的特点：新生界 2.17g/cm³，中生界 2.57g/cm³，古生界 2.70g/cm³，元古宇 2.76g/cm³，太古宇 2.83g/cm³。由此可见新生界的密度值均小于其他各时代地层单元的密度值，各时代均存在着密度差(图 3-3-2)。

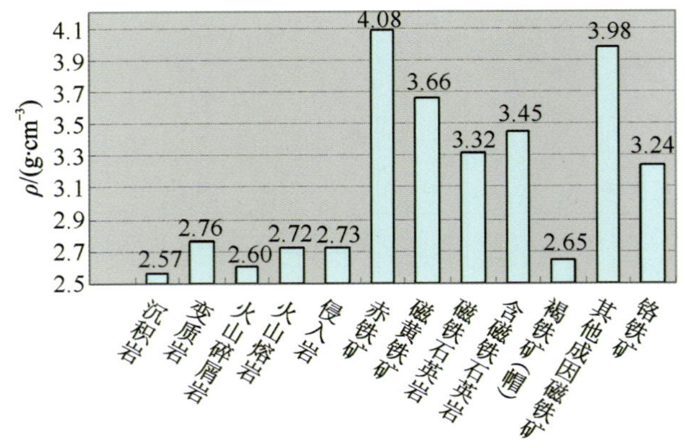

图 3-3-1　吉林省各类岩(矿)石密度参数直方图

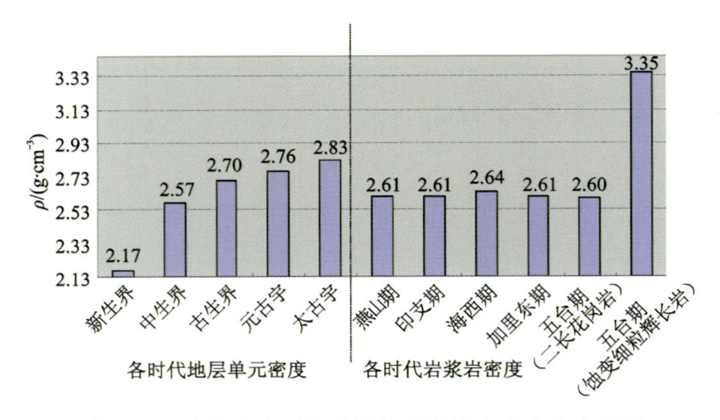

图 3-3-2　吉林省各时代地层及岩浆岩密度参数直方图

2. 区域重力场基本特征及其地质意义

(1)区域重力场特征。在全省重力场中，宏观呈现两高一低重力区，呈现出西北及中部重力高、东南部重力低的基本分布特征。最低值在白头山—长白一线；高值区出现在大黑山条垒区；瓦房镇—东屏镇为另一高值区；洮南、长岭一带异常较为平缓，呈局域特点分布；中部及东南部布格重力异常等值线大多呈北东向展布。大黑山条垒，尤其是辉南—白山—桦甸—黄泥河镇一带等值线展布方向及局部异常轴向均呈北东向。北部桦甸—夹皮沟—和龙一带，等值线则多以北西向为主，向南逐渐变为东西向，至漫江则转为南北向，围绕长白山天池呈弧形展布，延吉、珲春一带也呈近弧状展布。

(2)深部构造特征。重力场值的区域差异特征反映了莫霍面及康氏面的变化趋势，曲线的展布特征则明显反映了地质构造及岩性特征的规律性(图 3-3-3、图 3-3-4)。从莫霍面图等深度图上可见，西北部及东南两侧呈平缓椭圆状或半椭圆状，西北部洮南-乾安为幔坳区，中部松辽为幔隆区，中部为北东走向的斜坡，东南为张广才岭-长白山地幔坳陷区，而东部延吉—珲春—汪清为幔凸区。安图—延吉、柳河—桦甸一带所出现的北西向及北东向等深线梯度带反映，华北板块北缘边界断裂。形成的不同地质体反映出不同地壳的演化历史。

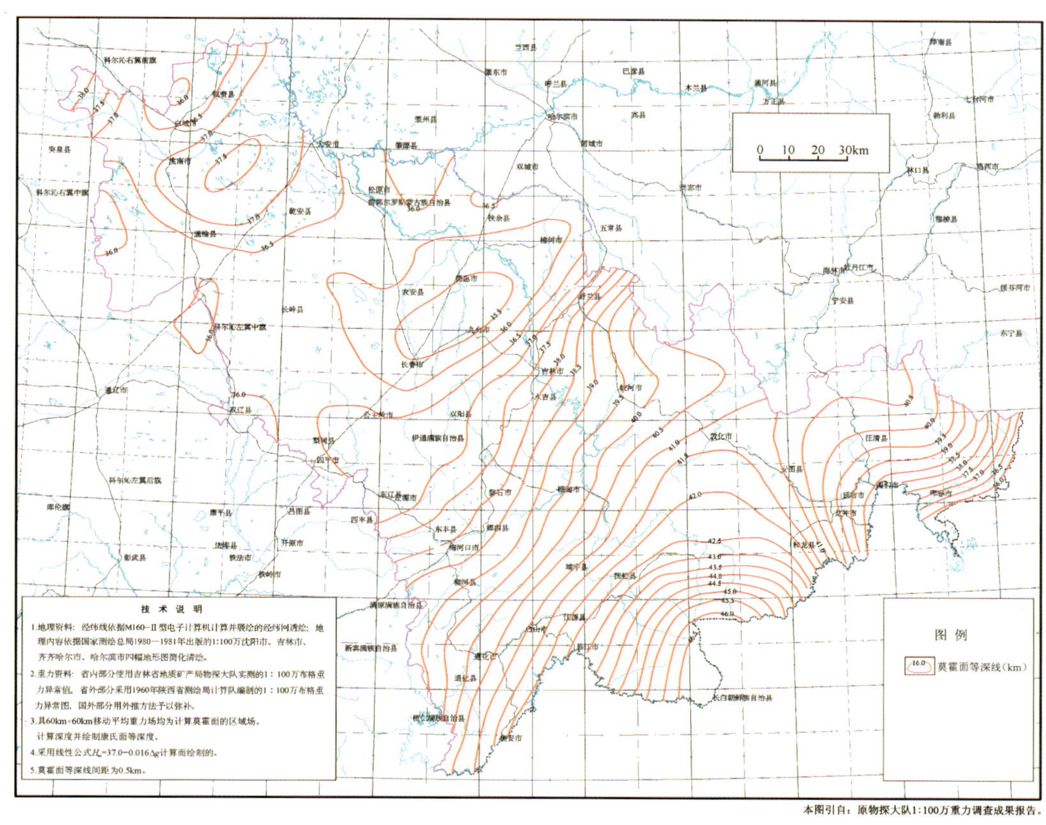

图 3-3-3　吉林省莫霍面等深度图

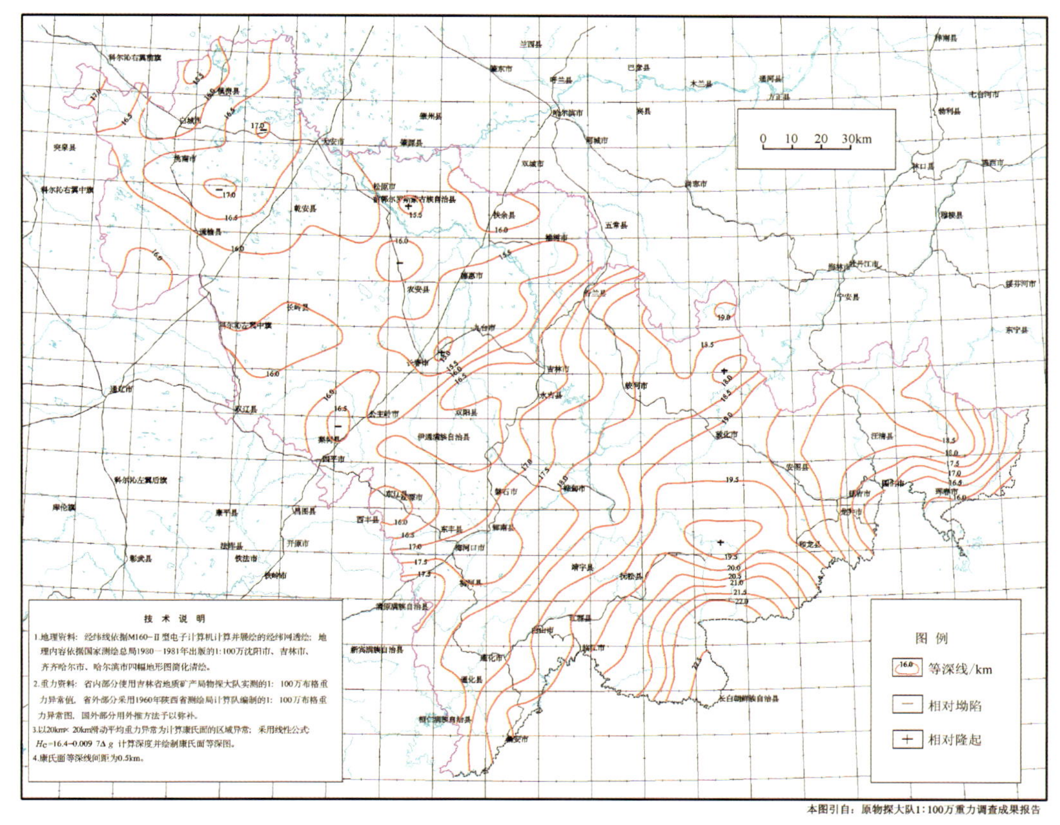

图 3-3-4　吉林省康氏面等深度图

3. 区域重力场分区

依据重力场分区的原则，将吉林省划分为南北两个Ⅰ级重力异常区。重力场分区见表 3-3-1。

表 3-3-1　吉林省重力场分区一览表

Ⅰ	Ⅱ	Ⅲ	Ⅳ
Ⅰ1 白城-吉林-延吉复杂异常区	Ⅱ1 大兴安岭东麓异常区	Ⅲ1 乌兰浩特-哲斯异常分区	Ⅳ1 瓦房镇-东屏镇正负异常小区
	Ⅱ2 松辽平原低缓异常区	Ⅲ2 兴龙山-边昭正负异常分区	(1)重力低小区；(2)重力高小区
		Ⅲ3 白城-大岗子低缓负异常分区	(3)重力低小区；(4)重力高小区；(5)重力低小区；(6)重力高小区
		Ⅲ4 双辽-梨树负异常分区	(7)重力高小区；(11)重力低小区；(20)重力高小区；(21)重力低小区
		Ⅲ5 乾安-三盛玉负异常分区	(8)重力低小区；(9)重力高小区；(10)重力高小区；(12)重力低小区；(13)重力低小区；(14)重力高小区；
		Ⅲ6 农安-德惠正负异常分区	(17)重力高小区；(18)重力高小区；(19)重力高小区
		Ⅲ7 扶余-榆树负异常分区	(15)重力低小区；(16)重力低小区
	Ⅱ3 吉林中部复杂正负异常区	Ⅲ8 大黑山正负异常分区	
		Ⅲ9 伊通-舒兰带状负异常分区	
		Ⅲ10 石岭负异常分区	Ⅳ2 辽源异常小区
			Ⅳ3 椅山-西堡安异常低值小区
		Ⅲ11 吉林弧形复杂负异常分区	Ⅳ4 双阳-官马弧形负异常小区
			Ⅳ5 大黑山-南楼山弧形负异常小区
			Ⅳ6 小城子负异常小区
			Ⅳ7 蛟河负异常小区
		Ⅲ12 敦化复杂异常分区	Ⅳ8 牡丹岭负异常小区
			Ⅳ9 太平岭-张广才岭负异常小区
	Ⅱ4 延边复杂负异常区	Ⅲ13 延边弧状正负异常区	
		Ⅲ14 五道沟弧线形异常分区	
Ⅰ2 龙岗-长白半环状低值异常区	Ⅱ5 龙岗复杂负异常区	Ⅲ15 靖宇异常分区	Ⅳ10 龙岗负异常小区
			Ⅳ11 白山负异常小区
			Ⅳ12 和龙环状负异常小区
		Ⅲ16 浑江负异常低值分区	Ⅳ13 清和复杂负异常小区
			Ⅳ14 老岭负异常小区
			Ⅳ15 浑江负异常小区
	Ⅱ6 八道沟-长白异常区	Ⅲ17 长白负异常分区	

4.深大断裂

吉林省地质构造复杂，在漫长的地质历史演变中，经历过多次地壳运动，在各个地质发展阶段和各个时期的地壳运动中，均相应形成了一系列规模不等、性质不同的断裂。这些断裂，尤其是深大断裂一般都经历了长期的、多旋回的发展过程，它们与吉林省地质构造的发展、演化及成岩成矿作用有着密切的关系。《吉林省地质志》(1988)将吉林省断裂按切割地壳深度的规模、控岩控矿作用以及展布形态等大致分为超岩石圈断裂、岩石圈断裂、壳断裂、一般断裂及其他断裂。

(1)超岩石圈断裂：吉林省超岩石圈断裂只有一条，为中朝准地台北缘超岩石圈断裂。它指赤峰-开源-辉南-和龙深断裂。这条超岩石圈断裂横贯吉林省南部，由辽宁省西丰县进入吉林省海龙镇、桦甸市，过老金厂村、夹皮沟、和龙市，向东延伸至朝鲜境内，是一条规模巨大、影响很深、发育历史长久的断裂构造带。实际上它是中朝准地台和天山-兴隆地槽的分界线，总体走向为东西向，省内长达260km，宽5～20km。由于受后期断裂的干扰、错动，早期断裂痕迹不易辨认，并且使走向在不同地段发生北东、北西向偏转和断开、位移，从而形成了现今平面上具有折线状的断裂构造。

重力场基本特征：断裂线在布格重力异常平面图上呈北东向、东西向密集梯度带排列，南侧为环状、椭圆形，西部断裂以北东向的重力异常为主。这种不同性质重力场的分界线，无疑是断裂存在的标志。从东丰到辉南段为重力梯度带，梯度较陡；夹皮沟到和龙一段，也是重力梯度带，水平梯度走向有变化，应该是被多个断裂错断所致，但梯度较密集。在重力场上延10km、20km以及重力垂向一阶导数、二阶导数图上，该断裂更为显著，东丰经辉南到桦甸折向和龙。除东丰到辉南一带为线状的重力高值带外，其余均为线状重力低值带，它们的极大和极小便是该断裂线的位置。从莫霍面等深度图上可见该断裂只在个别地段有某些显示，说明该断裂切割深度并非连续均匀。西丰至辉南段表现同向扭曲，辉南至桦甸段显示不出断裂特征，而桦甸至和龙段有同向扭曲，表明有断裂存在。断裂方向莫霍面深度为37～42km，说明此断裂在部分地段已切入上地幔。

地质特征：小四平—海龙一带，断裂南侧为太古宇夹皮沟群、新元古界色洛河群，北侧为早古生代地槽型沉积。断裂明显，发育在海西期花岗岩中。柳树河子至大浦柴河一带有基性—超基性岩平行断裂展布，和龙至白金一带有大规模的花岗岩体展布。因此，此断裂为超岩石圈断裂。

(2)岩石圈断裂：该断裂带位于二龙山水库—伊通—双阳—舒兰一带，呈北东方向延伸，过黑龙江依兰—佳木斯—箩北进入俄罗斯境内。该断裂于二龙山水库，被北东向四平-德惠断裂带所截。在省内由两条相互平行的北东向断裂构成，宽15～20km，走向45°～50°，省内长达260km。在其狭长的"槽地"中，沉积了厚达2000多米的中新生代陆相碎屑岩，其中古近纪＋新近纪沉积物应有1000多米，从而形成了狭长的依兰-伊通地堑盆地。

重力场特征：断裂带的重力异常梯度带密集，呈线状，在吉林省布格重力异常垂向一阶、二阶导数平面图，及滑动平均(30km×30km、14km×14km)剩余异常平面图上可见延伸狭长的重力低值带，在其两侧狭长延展的重力高值带的衬托下，该重力低值异常带显著，且宽窄不断变化，并呈非均匀展布。在伊通至乌拉街一带稍宽大些，此段分别被东西向重力异常隔开，说明在形成过程中受东西向构造影响。

从重力场上延5km、10km、20km等值线平面图上看，该断裂显示清晰、醒目，线状重力低值带与重力高值带相依相伴，并行延展，它们的极小值与极大值便是该断裂在重力场上的反映。

再从莫霍面和康氏面等深图及滑动平均(60km×60km)图可知，该断裂显示此段等值线密集，重力梯度带十分明显；双阳至舒兰段，莫霍面及康氏面等厚线密集，形状规则，呈线状展布。沿断裂方向莫霍面深度为36～37.5km，断裂的个别地段已切入下地幔。舒兰-伊通岩石圈断裂带布格重力异常见图3-3-5。

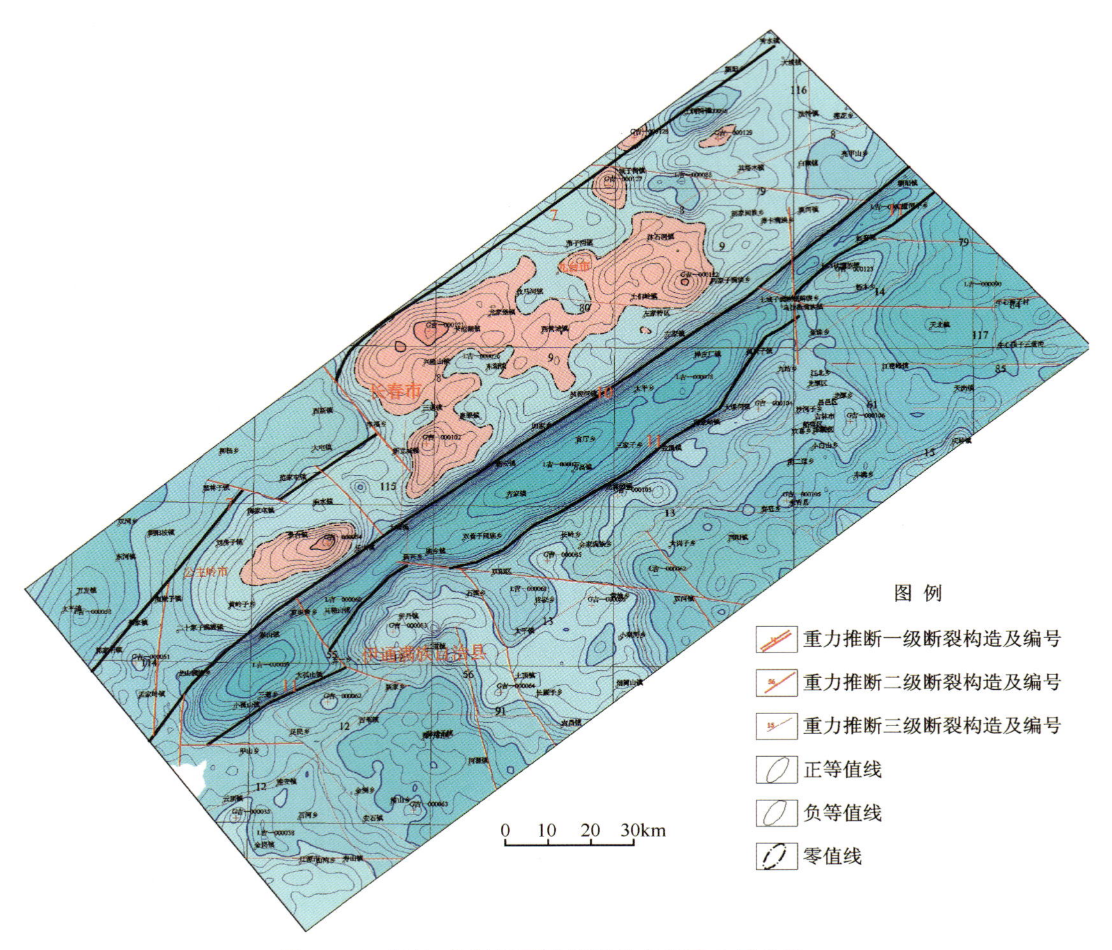

图 3-3-5 舒兰-伊通岩石圈断裂带布格重力异常图

(二)航磁

1. 区域岩(矿)石磁性参数特征

根据收集的岩(矿)石磁性参数整理统计,吉林省岩(矿)石的磁性强弱可以分成 4 个级次,即极弱磁性($K<300\times4\pi\times10^{-6}$SI),弱磁性[$K$ 为$(300\sim2100)\times4\pi\times10^{-6}$SI],中等磁性[$K$ 为$(2100\sim5000)\times4\pi\times10^{-6}$SI],强磁性[$K>5000\times4\pi\times10^{-6}$SI]。沉积岩基本无磁性,但是四平、通化地区的砾岩、砂砾岩有弱的磁性。正常沉积的变质岩大都无磁性,角闪岩、斜长角闪岩普遍显中等磁性,而通化地区的斜长角闪岩、吉林地区的角闪岩只具有弱磁性。片麻岩、混合岩在不同地区具不同的磁性,吉林地区该类岩石具较强磁性,延边及四平地区则为弱磁性,而在通化地区则无磁性。总的来看,变质岩的磁性变化较大,同一岩石在不同地区有明显差异。火山岩类岩石普遍具有磁性,并且具有从酸性火山岩→中性火山岩→基性—超基性火山岩磁性由弱到强的变化规律。中酸性岩浆岩磁性变化范围较大,可由无磁性变化到有磁性。其中吉林地区的花岗岩具有中等程度的磁性,而其他地区花岗岩类多为弱磁性,延边地区的部分酸性岩表现为无磁性。四平地区的碱性岩-正长岩表现为强磁性。吉林、通化地区的中性岩磁性为弱—中等强度,而在延边地区则为弱磁性。基性—超基性岩类除在延边和通化地区表现为弱磁性外,其他地区则为中等—强磁性。磁铁矿及含铁石英岩均为强磁性,而有色金属矿矿石一般来说均不具有磁性。总的来看,各类岩石的磁性基本上以沉积岩、变质岩、火成岩的顺序逐渐增强(图 3-3-6)。

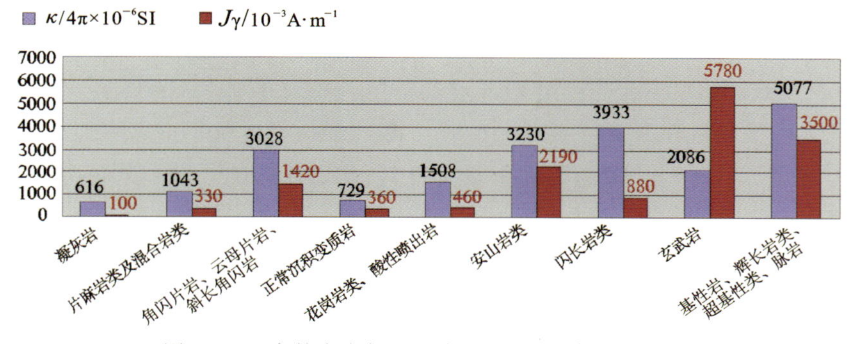

图 3-3-6　吉林省东部地区岩石、矿石磁参数直方图

2. 吉林省区域磁场特征

吉林省在航磁图上基本反映出 3 个不同场区特征：东部山区敦化-密山断裂以东地段，为以东升高波动的老爷岭长白山磁场区，该磁场区向东分别进入俄罗斯和朝鲜境内，向南、北分别进入辽宁省和黑龙江省境内；敦化-密山断裂以西，四平、长春、榆树以东的中部为丘陵区，磁异常强度和范围都明显低于东部山区磁异常，向南、北分别进入辽宁省和黑龙江省境内；西部为松辽平原中部地段，为低缓平稳的松辽磁场区，向南、北分别进入辽宁省及黑龙江省。

（1）东部山区磁场特征。东部山地北起张广才岭，向西南延伸至柳河、通化交界的龙岗山脉以东地段，该区磁场特征是以大面积正异常为主，一般磁异常极大值为 500～600nT，大蒲柴河—和龙一线为华北地台北缘东段一级断裂（超岩石圈断裂）的位置。

大蒲柴河—和龙以北区域磁场特征。在大蒲柴河—和龙以北区域，航磁异常整体上呈北西走向，两块宽大北西走向正磁场区之间夹北西走向宽大的负磁场区，正磁场区和负磁场区上的各局部异常走向大多为北东向。异常最大值为 300～550nT。航磁正异常主要是晚古生代以来花岗岩、花岗闪长岩及中生代火山岩磁性的反映。磁异常整体上呈北西走向，主要是与区域上的一级、二级断裂构造方向及局部地体的展布方向为北西走向有关，而局部异常走向北东向主要是受次级的二、三级断裂构造及更小的局部地体分布方向所控制。

大蒲柴河—和龙以南区域磁场特征。在大蒲柴河—和龙以南区域，是东南部地台区，西部以敦密断裂带为界，北部以地台北缘断裂带为界，西南到吉林和辽宁省界，东南到中国和朝鲜国界。

靠近敦密断裂带和地台北缘断裂带的磁场以正场区为主，磁异常走向大致与断裂带平行。

西部正异常强度为 100～400nT，走向以北东向为主，正背景场上的局部异常梯度陡，主要反映的是太古代花岗质、闪长质片麻岩，中、新太古代变质表壳岩及中生代火山岩的磁场特征。

北部靠近地台北缘断裂带的磁场区，以北西走向为主，强度为 150～450nT，正背景场上的局部异常梯度陡，靠近北缘断裂带的磁异常以串珠状形式向外延展，总体呈弧形或环形异常带。

西支的弧形异常带从松山、红石、老金厂、夹皮沟、新屯子、万良到抚松，围绕龙岗地块的东北侧外缘分布，主要是中太古代闪长质片麻岩、变质表壳岩，新太古代变质表壳岩，寒武纪花岗闪长岩磁性的反映。中太古代变质表壳岩、新太古代变质表壳岩是含铁的主要层位。

东支的环形异常带从二道白河、两江、万宝、和龙到崇善以北区域，主要围绕和龙地块的边缘分布，各局部异常则多以东西走向为主，但异常规模较大，异常梯度也陡。大面积中等强度航磁异常主要是中太古代花岗闪长岩的反映，强度较低，异常主要由侏罗纪花岗岩引起，半环形磁异常上几处强度较高的局部异常则是由强磁性的玄武岩和新太古代表壳岩、中太古代变质基性岩引起。对应此半环形航磁异常，有一个与之基本吻合的环形重力高异常，说明环形异常主要为新太古代表壳岩、中太古代变质基性岩引起。特别在半环形磁异常上东段的几处局部异常，结合剩余重力异常为重力高的特征，推断其为半隐伏、隐伏新太古代表壳岩、中太古代变质基性岩引起的异常，具备寻找隐伏磁铁矿的前景。

中部以大面积负磁场区为主，是吉南元古宙裂谷区内的碳酸盐岩、碎屑岩及变质岩的磁异常的反映，大面积负磁场区内的局部正异常主要是中生代中酸性侵入岩体及中—新生代火山岩磁性的反映。

南部长白山天池地区，是一片大面积的正负交替、变化迅速的磁场区，磁异常梯度大，强度为 350～600nT。是大面积玄武岩的反映。

敦化-密山断裂带磁场特征。敦化-密山深大断裂带，省内长度 250km，宽 5～10km，走向北东，是一系列平行的、呈雁行排列的次一级断裂组成的一个相当宽的断裂带。它的北段在磁场图上显示一系列正负异常剧烈频繁交替的线性延伸异常带，是一条由第三纪（古近纪＋新近纪）玄武岩沿断裂带喷溢填充的线性岩带。这条呈线性展布的岩带，恰是断裂带的反映。

（2）中部丘陵区磁场特征。东起张广才岭—富尔岭—龙岗山脉一线以西，四平、长春、榆树以东的中部为丘陵区，该区磁场特征可分为 4 种。①大黑山条垒场区。航磁异常呈楔形，南窄北宽，各局部异常走向以北东向为主，以条垒中部为界，南部异常范围小，强度低，北部异常范围大，强度大，最大值达到 350～450nT。航磁异常主要是中生代中酸性侵入岩体引起的。②伊通-舒兰地堑为中新生代沉积盆地，磁场为大面积北东走向的负场区，西侧陡、东侧缓，负场区中心靠近西侧，说明西侧沉积厚度比东侧深。③南部石岭隆起区，异常多数呈条带状分布，走向以北西向为主，南侧强度为 100～200nT。南侧异常为东西走向，这与所处石岭隆起区域北西向断裂构造带有关，这些北西走向的各个构造单元控制了磁异常分布形态特征。异常主要与中生代中酸性侵入岩体有关。石岭隆起区北侧为盘双接触带，接触带附近的负场区对应晚古生代地层。④北侧吉林复向斜区内航磁异常大部分为晚古生代、中生代中酸性侵入岩体引起。

（3）平原区磁场特征。吉林西部为松辽平原中部地段，两侧为一宽大的负异常，表明该地段为中—新生代正常沉积岩层的磁场。这是岩相岩性较为典型的湖相碎屑沉积岩，沉积韵律稳定，厚度巨大，产状平稳，火山活动很少，岩石中缺少铁磁性矿物组分，松辽盆地中—新生代沉积岩磁性极弱，因此在这套中—新生代地层上显示为单调平稳的负磁场，强度为－50～150nT。

二、区域地球化学特征

（一）元素分布及浓集特征

1. 元素的分布特征

经过对全省 1∶20 万水系沉积物测量数据的系统研究，依据地球化学块体的元素专属性，编制了中东部地区地球化学元素分区及解释推断地质构造图（图 3-3-7），并在此基础上编制了主要成矿元素分区及解释推断图（图 3-3-8）。图 3-3-9 中，以 3 种颜色分别代表内生作用铁族元素组合特征富集区，内生作用稀有、稀土元素组合特征富集区，外生与内生作用元素组合特征富集区。

铁族元素组合特征富集区的地质背景是吉林省新生界基性火山岩、太古宙花岗-绿岩地质体的主要分布区，主要表现的是 Cr、Ni、Co、Mn、V、Ti、P、Fe_2O_3、W、Sn、Mo、Hg、Sr、Au、Ag、Cu、Pb、Zn 等元素（氧化物）的高背景区（元素富集场），尤以太古宙花岗-绿岩地质体表现突出，是吉林省金、铜成矿的主要矿源层位。图 3-3-8 更细致地划分出主要成矿元素的分布特征。如：太古宙花岗-绿岩地质体内，划分出 5 处 Au、Ag、Ni、Cu、Pb、Zn 成矿区域，构成本省重要的金、铜成矿带。

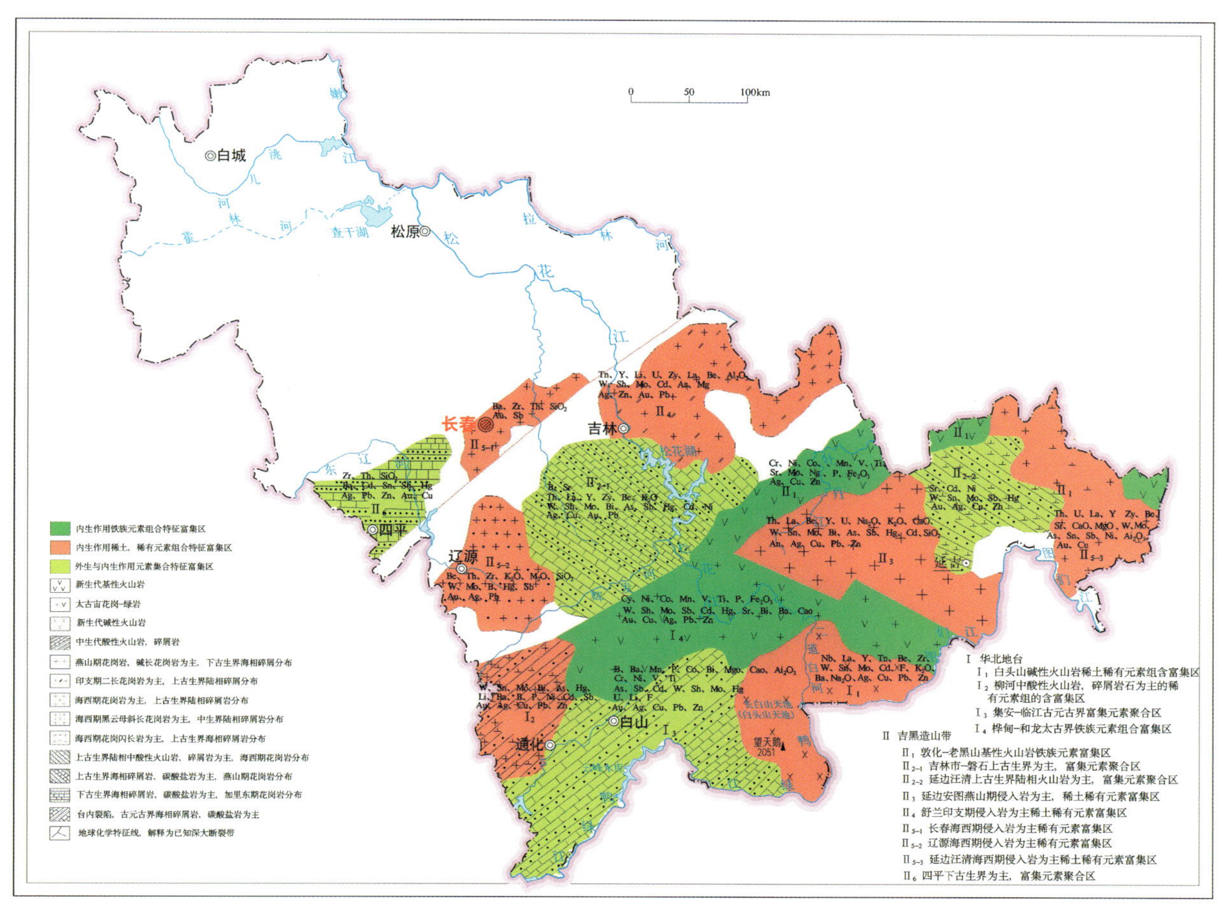

图 3-3-7　中东部地区地球化学元素分区及解释推断地质构造图

内生作用稀有、稀土元素组合特征富集地区，主要表现的是 Th、U、La、Be、Li、Nb、Y、Zr、Sr、Na_2O、K_2O、MgO、CaO、Al_2O_3、Sb、F、B、As、Ba、W、Sn、Mo、Au、Ag、Cu、Pb、Zn 等元素（氧化物）的高背景区，主要的成矿元素为 Au、Cu、Pb、Zn、W、Sn、Mo，尤以 Au、Cu、Pb、Zn、W 表现优势。地质背景为新生代碱性火山岩，中生代中酸性火山岩、火山碎屑岩，以及以海西期、印支期、燕山期为主的花岗岩类侵入岩体。

外生与内生作用元素组合特征富集区，以槽区分布良好。主要表现的是 Sr、Cd、P、B、Th、U、La、Be、Zr、Hg、W、Sn、Mo、Au、Cu、Pb、Zn、Ag 等元素富集场，主要的成矿元素为 Au、Cu、Pb、Zn。地质背景为古元古界、古生界海相碎屑岩、碳酸盐岩以及晚古生代的中酸性火山岩、火山碎屑岩，同时有海西期、燕山期的侵入岩体分布。

2. 元素的浓集特征

应用 1∶20 万化探数据，计算全省 8 个地质子区的元素算术平均值。通过与全省元素算术平均值和地壳克拉克值对比，可以进一步量化吉林省 39 种地球化学元素（包括氧化物）区域性分布趋势和浓集特征。主要成矿元素分区及解释推断见图 3-3-8。

吉林省 26 种元素（包括氧化物）在中东部地区的总体分布态势及在 8 个地质子区当中的平均分布特征。按照元素（包括氧化物）平均含量从高到低排序为：SiO_2、Al_2O_3、F_2O_3、K_2O、MgO、CaO、NaO、Ti、P、Mn、Ba、F、Zr、Sr、V、Zn、Sn、U、W、Mo、Sb、Bi、Cd、Ag、Hg、Au，表现出造岩元素—微量元素—成矿系列元素含量由高到低的总体变化趋势，说明吉林省 26 种元素（包括氧化物）在区域上的分布分配符

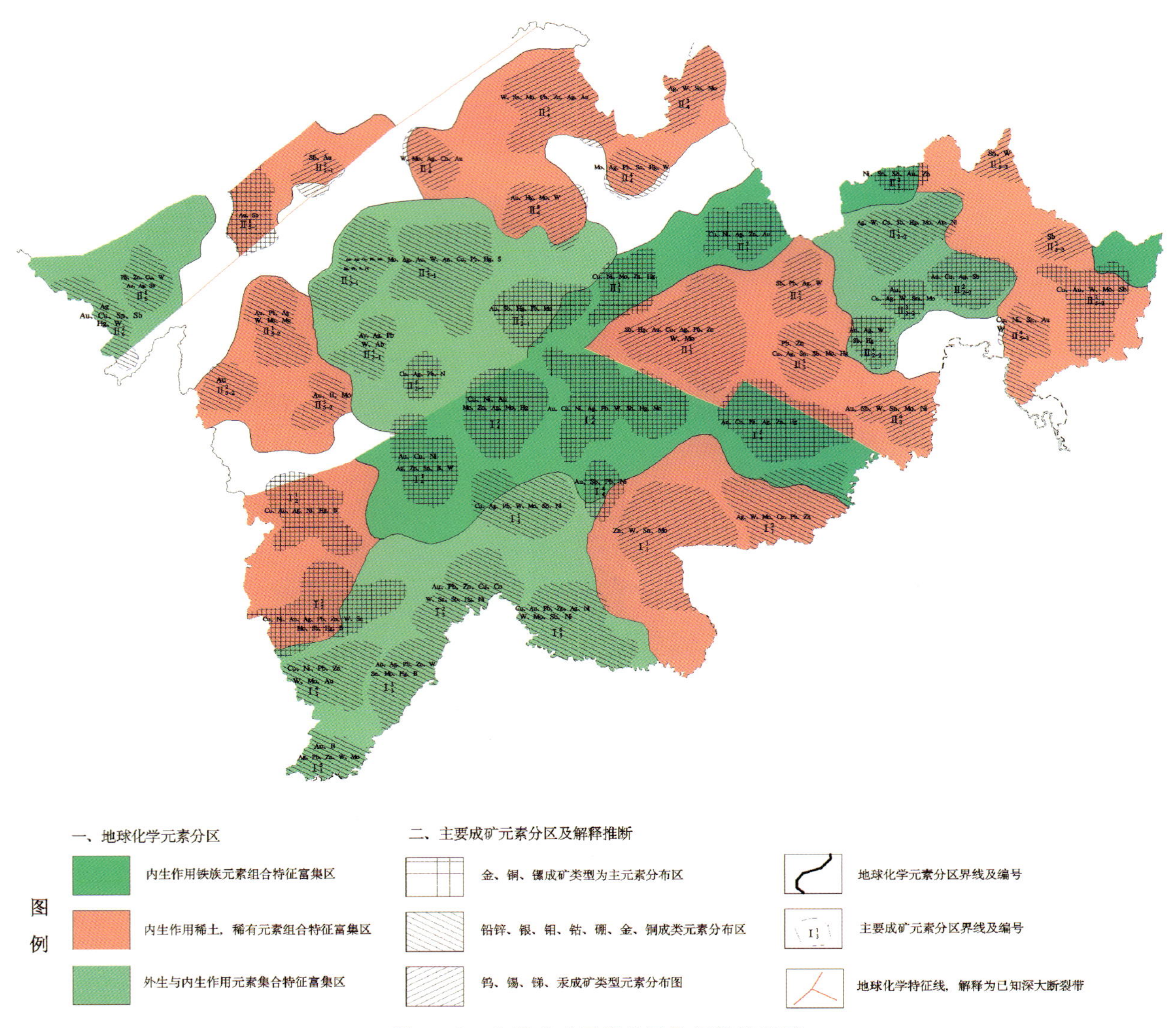

图 3-3-8　主要成矿元素分区及解释推断图

合元素在空间上的变化规律，这对研究吉林省元素在各种地质体中的迁移、富集、贫化有重要意义。

从整体上看，主要成矿元素 Au、Cu、Zn、Sb 在 8 个地质子区内的均值比地壳克拉克值要低。Au 元素能够在吉林省重要成矿带上富集成矿，说明 Au 元素的富集能力超强，而且在另一方面也表明在吉林省重要的成矿带上，断裂构造非常发育，岩浆活动极其频繁，使得 Au 元素在后期叠加地球化学场中变异、分散的程度更强烈。吉林省地质子区划分如图 3-3-9。

Cu、Sb 元素在 8 个地质子区内的分布呈低背景状态，而且其富集能力较 Au 元素弱，因此 Cu、Sb 元素在吉林省重要的成矿带上富集成矿的能力处于弱势，成矿规模偏小。

而 Pb、W、稀土元素均值高于地壳克拉克值，显示高背景值状态，对成矿有利。

特别需要说明的是，其中 7 个地质子区为长白山火山岩覆盖区，属特殊景观区，Nb、La、Y、Be、Th、Zr、Ba、W、Sn、Mo、F、Na_2O、K_2O、Au、Cu、Pb、Zn 等元素（氧化物）均呈高背景值状态分布，是否具备矿化富集特征需进一步研究。

8 个地质子区均值与地壳克拉克值的比值大于 1 的元素有 As、B、Zr、Sn、Be、Pb、Th、W、Li、U、Ba、La、Y、Nb、F，如果按属性分类，Ba、Zr、Be、Th、W、Li、U、Ba、La、Nb、Y 均为亲石元素，与酸碱性的花岗

图 3-3-9　吉林省地质子区划分图

岩浆关系密切。在 2 地质子区、3 地质子区、4 地质子区广泛分布。As、Sn、Pb 为亲硫元素，是热液型硫化物成矿的反映，查看异常图，As、Sn、Pb 在 2 地质子区、3 地质子区、4 地质子区亦有较好的展现。尤其是 As、B，显示出较强的富集态势，而 As 为重矿化剂元素，来自于深源构造，对寻找矿体具有直接指示作用。B、F 属气成元素，具有较强的挥发性，是酸性岩浆活动的产物。As、B 的强富集反映出岩浆活动、构造活动的发育，也反映出吉林省东部山区后生地球化学改造作用的强烈。

8 个地质子区元素平均值与全省元素平均值比值研究表明，主要成矿元素 Au、Ag、Cu、Pb、Zn、Ni 相对于省均值，在 4 地质子区、5 地质子区、6 地质子区、7 地质子区、8 地质子区的富集系数都大于 1 或接近 1，说明 Au、Ag、Cu、Pb、Zn、Ni 在这 5 个地质区域内处于较强的富集状态，即本省的台区为高背景值区，是重点找矿区域。区域成矿预测证明 4 地质子区、5 地质子区、6 地质子区、7 地质子区、8 地质子区是吉林省贵金属、有色金属的主要富集区域，有名的大型矿床、中型矿床都聚于此。

在 2 地质子区 Ag、Pb 富集系数都为 1.02，Au、Cu、Zn、Ni 的富集系数都接近 1，也显示出较好的富集趋势，值得重视。

W、Sb 的富集态势总体显示较弱，只在 1 地质子区、2 地质子区、6 地质子区、7 地质子区表现出一定富集趋势。表明在表生介质中元素富集成矿的能力呈弱势。这与本省 W、Sb 矿产的分布特点相吻合。

稀土元素除 Nb 以外，Y、La、Zr、Th、Li 在 1 地质子区、2 地质子区、7 地质子区、8 地质子区的富集系数都大于 1 或接近 1，显示一定的富集状态，是稀土矿预测的重要区域。

Hg 是典型的低温元素，可作为前缘指示元素用于评价矿床剥蚀程度。另一方面，作为远程指示元素，是预测深部盲矿的重要标志。富集系数大于 1 的子区有 3 地质子区、5 地质子区、6 地质子区，显示 Hg 元素在本省主要的成矿区，用于 Au、Ag、Cu、Pb、Zn 可起到重要作用。

F 作为重要的矿化剂元素，在 6 地质子区、7 地质子区、8 地质子区中有较明显的富集态势，表明 F 元素在后期的热液成矿中，对 Au、Ag、Cu、Pb、Zn 等主成矿元素的迁移、富集起到非常重要的作用。

(二)区域地球化学场特征

全省可以划分为以铁族元素为代表的同生地球化学场，以稀有、稀土元素为代表的同生地球化学场以及以亲石、碱土金属元素为代表的同生地球化学场。本次根据元素的因子分析图示，对以往的构造地球化学分区进行适当修整(图 3-3-10)。

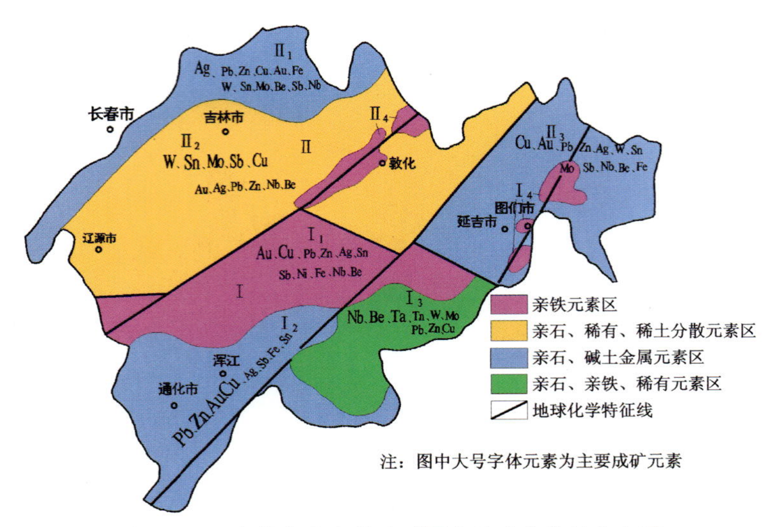

图 3-3-10　吉林省中东部地区同生地球化学场分布图

三、区域遥感特征

(一)区域遥感特征分区及地貌分区

吉林省遥感影像图是利用 2000—2002 年的吉林省境内 22 景 ETM 数据经计算机录入、融合、校正并镶嵌后，选择 B7、B4、B3 这 3 个波段分别赋予红、绿、蓝后形成的假彩色图像。

吉林省的遥感影像特征可按地貌类型分为长白山中低山区，包括张广才岭、龙岗山脉及其以东的广大区域，遥感图像上主要表现为绿色、深绿色，中山地貌，除山间盆地谷地及玄武岩台地外，其他地区地形切割较深，地形较陡，水系发育；长白低山丘陵区，西部以大黑山西麓为界，东至蛟河一辉发河谷地，多为海拔 500m 以下的缓坡宽谷的丘陵组成，沿河一带发育成串的小盆地群或长条形地堑，遥感影像特征主要表现为绿色—浅绿色，山脚及盆地多显示为粉色或藕荷色，低山丘陵地貌，地形坡度较缓，冲沟较浅，植被覆盖度为 30%～70%；大黑山条垒以西至白城西岭下镇，为松辽平原部分，东部为台地平原区，又称大黑山山前台地平原区，地面高度在 200～250m，地形呈波状或浅丘状；西部为低平原区，又称冲积湖积平原或低原区，该区地势最低，海拔为 110～160m，为大面积冲湖积物，湖泡周边及古河道发生极强的土地盐渍化，遥感图像上显示为粉色、浅粉色及粉白色，西南部发育土地沙化，呈沙垄、沙丘等，遥感图像上为砖红色条带状或不规则块状；岭下镇以西，为大兴安岭南麓，属低山丘陵区，遥感图像上显示为红色及粉红色，丘陵地貌，多以浑圆状山包显示，冲沟极浅，水系不甚发育。

(二)区域地表覆盖类型及其遥感特点

长白山中低山区及低山丘陵区，植被覆盖度高达 70%，并且多以乔、灌木林为主，遥感图像上主要表现为绿色、深绿色；盆地或谷地主要表现为粉色或藕荷色，主要被农田覆盖；松辽平原区，东部为台地平原，此区为大面积新生界冲洪积物，为吉林省重要产粮基地，地表被大面积农田覆盖，遥感图像上为绿色或紫红色；植被较发育，多以低矮草地为主，遥感图像上显示为浅绿色或浅粉色。

(三)区域地质构造特点及其遥感特征

吉林省地跨构造单元,大致以开原—山城镇—桦甸—和龙连线为界,南部为中朝准地台,北部为天山-兴安地槽区,槽台之间为一规模巨大的超岩石圈断裂带(华北地台北缘断裂带),遥感图像上主要表现为近东西走向的冲沟、陡坎、两种地貌单元界线,并伴有与之平行的糜棱岩带形成的密集纹理。吉林省境内的大型断裂全部表现为北东走向,它们多为不同地貌单元的分界线,或对区域地形地貌有重大影响,遥感图像上多表现为北东走向的大型河流、两种地貌单元界线、北东向排列陡坎等。吉林省的中型断裂表现在多方向上,主要有北东向、北西向、近东西向和近南北向,它们以成带分布为特点,单条断裂长度十几千米至几十千米,断裂带长度几十千米至百余千米,其遥感影像特征主要表现为冲沟、山鞍、洼地等,控制二、三级水系。小型断裂遍布吉林省的低山丘陵区,规模小,分布规律不明显,断裂长几千米至十几千米或数十千米,遥感图像上主要表现为小型冲沟、山鞍或洼地。

吉林省的环状构造比较发育,遥感图像上多表现为环形或弧形色线、环状冲沟、环状山脊,偶尔可见环形色块,其规模从几千米到几十千米,大者可达数百千米,其分布具有较强的规律性,主要分布于北东向线性构造带上,尤其是该方向线性构造带与其他方向线性构造带交会部位,环形构造成群分布;块状影像主要为北东向相邻线性构造形成的挤压透镜体以及北东向线性构造带与其他方向线性构造带交会处,形成棱形块状或眼球状块体,分布明显受北东向线性构造带控制。

四、区域自然重砂特征

1. 铁族矿物:磁铁矿、黄铁矿、铬铁矿

磁铁矿在中东部地区分布较广,在放牛沟地区、头道沟—吉昌地区、塔东地区、五凤预地区以及闹枝—棉田地区集中分布。

磁铁矿的分布特征与本省航磁 δT 等值线相吻合;黄铁矿主要分布在通化、白山及龙井、图们地区。

铬铁矿分布较少,只在香炉碗子—山城镇地区、刺猬沟—九三沟地区和金谷山—后底洞地区展现。

2. 有色金属矿物:白钨矿、锡石、方铅矿、黄铜矿、辰砂、毒砂、泡铋矿、辉钼矿、辉锑矿

白钨矿是吉林省分布较广的重砂矿物,主要分布于吉林省中东部地区中部的辉发河-古洞河东西向复杂成矿构造带上,即红旗岭-漂河川成矿带、柳河-那尔轰成矿带、夹皮沟-金城洞成矿带和海沟成矿带上。在辉发河-古洞河成矿构造带西北端的大蒲柴河-天桥岭成矿带、百草沟-复兴成矿带和春化-小西南岔成矿带上也有较集中的分布。在吉林地区的江蜜峰镇、天岗镇、天北镇以及白山地区的石人镇、万良镇亦有少量分布。

锡石主要分布在中东部地区的北部,以福安堡、大荒顶子和柳树河-团北林场最为集中,中部地区的漂河川及刺猬沟—九三沟有零星分布。

方铅矿作为重砂矿物主要分布在矿洞子—青石镇地区、大营—万良地区和荒沟山—南岔地区,其次是山门地区、天宝山地区和闹枝—棉田地区,在夹皮沟—溜河地区、金厂镇地区有零星分布。

黄铜矿集中分布在二密—老岭沟地区,部分分布在赤柏松—金斗地区、金厂地区和荒沟山—南岔地区;在天宝山地区、五凤地区、闹枝—棉田地区呈零星分布状态。

辰砂在中东部地区分布较广,山门-乐山、兰家-八台岭成矿带,那丹伯-一座营、山河-榆木桥子、上营-蛟河成矿带,红旗岭-漂河川、柳河-那尔轰、夹皮沟-金城洞、海沟成矿带,大蒲柴河-天桥岭、百草沟-复兴、春化-小西南岔成矿带以及二密-靖宇、通化-抚松、集安-长白成矿带都有较密集的分布,是金矿、银矿、铜矿、铅锌矿评价预测的重要重砂矿物之一。

毒砂、泡铋矿、辉钼矿、辉锑矿在中东部地区分布稀少，其中，毒砂在二密－老岭沟地区以一小型汇水盆地出现，在刺猬沟－九三沟地区、金谷山－后底洞地区及其北端以零星状态分布。泡铋矿集中分布在五凤地区和刺猬沟－九三沟地区及其外围。辉钼矿以零星点分布在石咀－官马地区、闹枝－棉田地区和小西南岔－杨金沟地区中。辉锑矿以4个点异常分布在万宝地区。

3. 贵金属矿物：自然金、自然银

自然金与白钨矿的分布状态相似，以沿着敦密断裂及辉发河－古洞河东西向复杂构造带分布为主，在其两侧亦有较为集中的分布。从分级图上看，整体分布态势可归纳为4部分：一是沿石棚沟—夹皮沟—海沟—金城洞一线呈带状分布；二是在矿洞子—正岔—金厂—二密一带；三是五凤—闹枝—刺猬沟—杜荒岭—小西南岔一带；四是沿山门—放牛沟到上河湾呈零星状态分布。第一带近东西向横贯吉林省中部区域称为中带，第二带位于吉林省南部称为南带，第三带在吉林省东北部延边地区称为北带，第四带在大黑山条垒一线称为西带。

自然银只有2个高值点异常，分布在矿洞子－青石镇地区北侧。

4. 稀土矿物：独居石、钍石、磷钇矿

独居石在吉林省中东部地区分布广泛，分布在万宝-那金成矿带，山门-乐山、兰家-八台岭成矿带，那丹伯-—座营、山河-榆木桥子、上营-蛟河成矿带，红旗岭-漂河川、柳河-那尔轰、夹皮沟-金城洞、海沟成矿带，大蒲柴河-天桥岭、百草沟-复兴、春化-小西南岔成矿带，二密-靖宇、通化-抚松、集安-长白成矿带等Ⅳ级成矿带，整体呈条带状分布。

钍石分布比较明显，主要集中在五凤地区，闹枝—棉田地区，山门—乐山、兰家-八台岭地区，那丹伯—一座营、山河—榆木桥子、上营—蛟河地区。

磷钇矿分布较稀少，而且零散，主要分布在福安堡地区、上营地区的西侧，大荒顶子地区西侧，漂河川地区北端，万宝地区。

5. 非金属矿物：磷灰石、重晶石、萤石

磷灰石在吉林省中东部地区分布最为广泛，主要体现在整个中东部地区的南部。以香炉碗子—石棚沟—夹皮沟—海沟—金城洞一带集中分布，而且分布面积大，沿复兴屯—金厂—赤柏松—二密一带也分布有较大规模的磷灰石；椅山-湖米预测工作区及外围、火炬丰预测工作区及外围、闹枝-棉田预测工作区有部分分布。其他区域磷灰石以零散状态存在。

重晶石亦主要存在于东部山区的南部，呈两条带状分布，即古马岭—矿洞子—复兴屯—金厂和板石沟—浑江南—大营—万良。椅山—湖米地区、金城洞—木兰屯地区和金谷山—后底洞地区以零星状分布。

萤石只在山门地区和五凤地区以零星点形式存在。

以上20种重砂矿物均分布在吉林省中东部地区，其分布特征与不同时代的岩性组合、侵入岩的不同岩石类型都具有一定的内在联系。以往的研究表明，这20种重砂矿物在白垩系、侏罗系、二叠系、寒武系—石炭系、震旦系以及太古界中都有不同程度的存在。古元古界集安群和老岭岩群地层作为我省重要的成矿建造层位，重砂矿物分布众多，重砂异常发育，与成矿关系密切。燕山期和海西期侵入岩在本省中东部地区大面积出露，自然金、白钨矿、辰砂、方铅矿、重晶石、锡石、黄铜矿、毒砂、磷钇矿、独居石等重砂矿物都有较好展现，而且在人工重砂取样中也达到较高的含量。

第四章　预测评价技术思路

一、指导思想

以科学发展观为指导，以提高吉林省锑矿矿产资源对经济社会发展的保障能力为目标，以先进的成矿理论为指导，以全国矿产资源潜力评价项目总体设计书为总纲，以GIS技术为平台，以规范而有效的资源评价方法、技术为支撑，以地质矿产调查、勘查以及科研成果等多元资料为基础，在中国地调局及全国项目组的统一领导下，采取专家主导，产、学、研相结合的工作方式，全面、准确、客观地评价吉林省锑矿矿产资源潜力，提高对吉林省区域成矿规律的认识水平，为吉林省及国家编制中长期发展规划、部署矿产资源勘查工作提供科学依据及基础资料。同时，通过完善资源评价理论与方法，培养一批科技骨干及综合研究队伍。

二、工作原则

坚持尊重地质客观规律、实事求是的原则；坚持一切从国家整体利益和地区实际情况出发，立足当前，着眼长远，统筹全局，兼顾各方的原则；坚持全国矿产资源潜力评价"五统一"的原则；坚持由点及面，由典型矿床到预测区逐级研究的原则；坚持以基础地质成矿规律研究为主，以物探、化探、遥感、重砂多元信息并重的原则；坚持由表及里的原则，由定性到定量的原则；坚持充分发挥各方面优势尤其是专家的积极性，产、学、研相结合的原则；坚持既要自主创新，符合地区地质情况，又可进行地区对比和交流的原则；坚持全面覆盖、突出重点的原则。

三、技术路线

充分搜集以往的地质矿产调查、勘查、物探、化探、自然重砂、遥感以及科研成果等多元资料；以成矿理论为指导，开展区域成矿地质背景、成矿规律、物探、化探、自然重砂、遥感多元信息研究，编制相应的基础图件，以Ⅳ级成矿（区）带为单位，深入全面总结主要矿产的成矿类型，研究以成矿系列为核心内容的区域成矿规律；全面利用物探、化探、遥感所显示的地质找矿信息，运用体现地质成矿规律内涵的预测技术，全过程应用GIS技术，在Ⅳ级、Ⅴ级成矿区内圈定预测区的基础上，实现全省锑矿资源潜力评价。

四、工作流程

工作流程见图4-0-1。

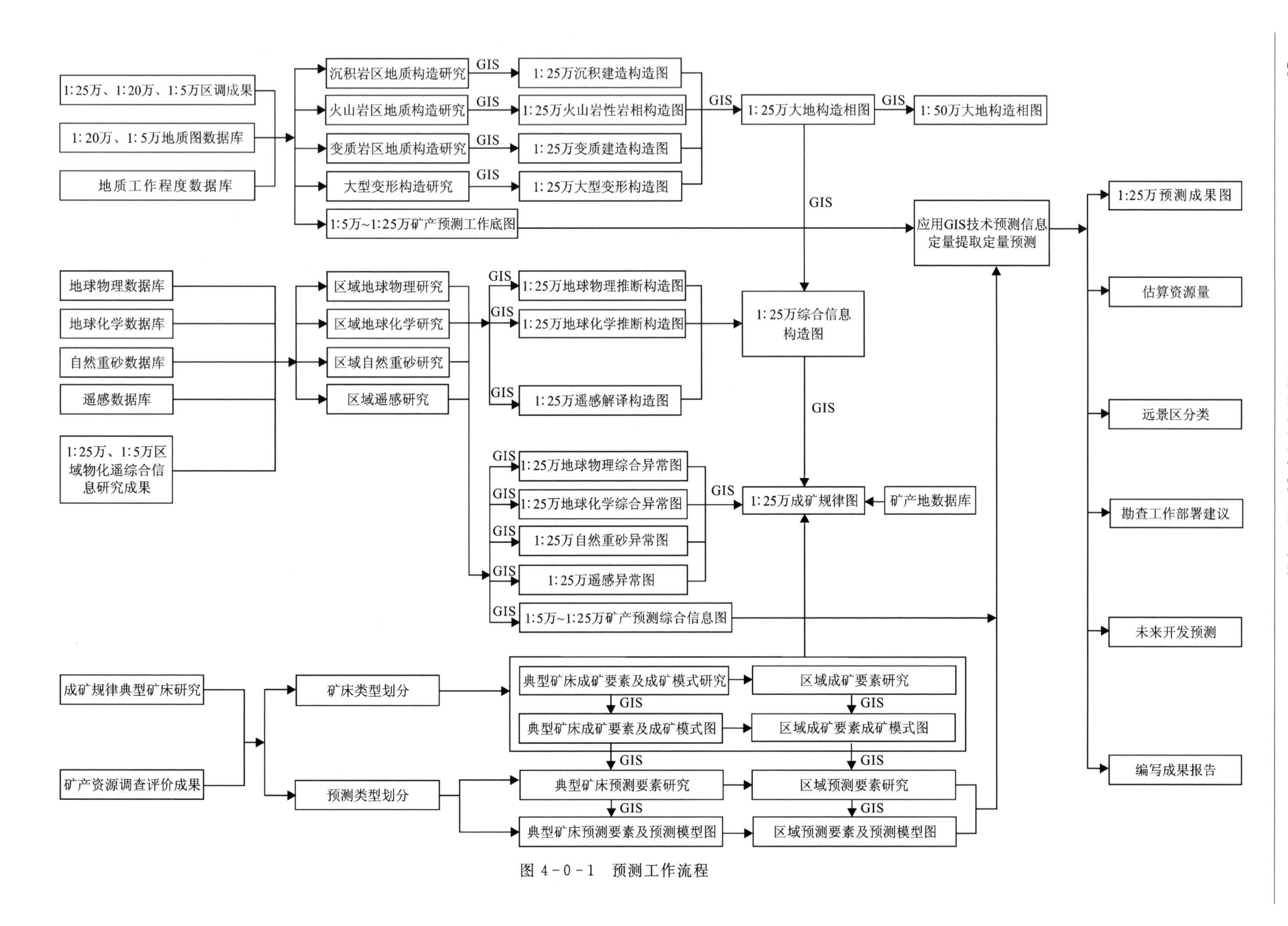

1:25万、1:20万、1:5万区调成果
1:20万、1:5万地质图数据库
地质工作程度数据库
沉积岩区地质构造研究
火山岩区地质构造研究
变质岩区地质构造研究
大型变形构造研究
1:5万~1:25万矿产预测工作底图
GIS
1:25万沉积建造构造图
1:25万火山岩性岩相构造图
1:25万变质建造构造图
1:25万大型变形构造图
1:25万大地构造相图
1:50万大地构造相图
地球物理数据库
地球化学数据库
自然重砂数据库
遥感数据库
1:25万、1:5万区域物化遥综合信息研究成果
区域地球物理研究
区域地球化学研究
区域自然重砂研究
区域遥感研究
1:25万地球物理推断构造图
1:25万地球化学推断构造图
1:25万遥感解译构造图
1:25万综合信息构造图
1:25万地球物理综合异常图
1:25万地球化学综合异常图
1:25万自然重砂异常图
1:25万遥感异常图
1:5万~1:25万矿产预测综合信息图
1:25万成矿规律图
矿产地数据库
成矿规律典型矿床研究
矿产资源调查评价成果
矿床类型划分
预测类型划分
典型矿床成矿要素及成矿模式研究
区域成矿要素研究
典型矿床成矿要素及成矿模式图
区域成矿要素成矿模式图
典型矿床预测要素研究
区域预测要素研究
典型矿床预测要素及预测模型图
区域预测要素及预测模型图
应用GIS技术预测信息定量提取定量预测
1:25万预测成果图
估算资源量
远景区分类
勘查工作部署建议
未来开发预测
编写成果报告

图4-0-1　预测工作流程

第五章　成矿地质背景研究

第一节　技术流程

（1）明确任务，学习全国矿产资源潜力评价项目地质构造研究工作技术要求等有关文件。

（2）收集有关的地质、矿产资料，特别注意收集最新资料，编绘实际材料图。

（3）编绘过程中，以1∶25万综合建造构造图为底图，再以预测工作区1∶5万区域地质图的地质资料加以补充，将收集到的与火山岩型、岩浆热液型锑矿有关的资料编绘于图中。

（4）明确目标地质单元并划分图层，以明确的目标地质单元为研究重点，同时研究控矿构造、矿化、蚀变等内容。

（5）图面整饰，按统一要求，制作图示、图例。遵照沉积岩、变质岩、岩浆岩研究工作要求进行编图。要将与相应类型锑矿形成有关的地质矿产信息较全面地标绘在图中，形成预测底图。

（6）按照统一要求的格式编写说明书。

（7）按照规范要求建立数据库。

第二节　建造构造特征

一、预测工作区建造构造特征

（一）岩浆期后热液型荒沟山-南岔预测区

1.区域建造特征

荒沟山-南岔预测区位于前南华纪华北东部陆块（Ⅱ）胶辽吉元古代裂谷带（Ⅲ）老岭坳陷盆地内。北西部为浑江盆地（前中生代），南东部为鸭绿江盆地（前中生代），中部为老岭隆起。在老岭隆起带和老岭隆起带与浑江盆地之间有岩浆侵出，形成陆相火山-岩浆孤。侵入岩主要分布于老岭隆起带的核部，形成老岭构造岩浆带。老岭构造岩浆带为大型变形构造带，即老岭变质核杂岩，也有人称之为“二道阳岔变质核杂岩”。老岭变质核杂岩主要由太古宙表壳岩、变质云英质闪长岩、变质二长花岗岩和古元古代变质岩系组成，两侧有大型拆离断层，即角砾岩和糜棱岩带。断层上盘由多时代地质体，包括中生代地层组成。老岭隆起带的侵入岩主要是在老岭变质核杂岩形成晚期，两侧拆离断层形成过程中大陆应变伸展环境下侵位的。北东至遥林、吊打沟，南西至集安、朝鲜的满浦一带，断续分布大小不等的 20 余个花岗岩侵入体，长达 100km。

2. 预测工作区构造建造特征

1）火山岩建造

预测区内火山岩主要有三叠纪长白组玄武安山岩、安山岩、安山质角砾岩、安山质岩屑晶屑凝灰岩夹英安岩、流纹岩、流纹质岩屑晶屑凝灰岩、流纹质火山角砾岩夹英安岩。侏罗纪果松组玄武安山岩、安山岩、安山质角砾岩、安山质岩屑晶屑凝灰岩；林子头组流纹质岩屑晶屑凝灰岩、流纹质火山角砾岩夹流纹岩。新近纪军舰山组橄榄玄武岩、玄武岩等。

2）侵入岩建造

荒沟山-南岔侵入岩构造亚带有 9 个花岗岩体（复合岩体），自北东向南西有吊打沟二长花岗岩（部分）、草山二长花岗岩、遥林二长花岗岩、老秃顶子二长花岗岩、梨树沟二长花岗岩、滴台钾长花岗岩、石英闪长岩复合岩体和公益村花岗斑岩体等。

预测区内的青沟子锑矿床在空间上与草山二长花岗岩建造紧密相联，草山二长花岗岩岩浆期后热液作用造就了青沟子锑矿床。

中粒二长花岗岩建造，草山岩体、遥林岩体、老秃顶子岩体、梨树沟岩体属此类型。岩体位于变质核杂岩的核部，侵入太古宙变质二长花岗岩和早元古界变质岩中。岩体形态均呈浑圆状，与围岩接触界线清晰，很少有岩枝贯入围岩之中；围岩热接触变质明显，并围绕岩体呈环带状分布；草山岩体北部近接触带，见到发育不强烈的新生片理，与接触界面平行，并反映外倾特征；后期脉岩不发育。草山岩体的测年数据为 178±8Ma（U－Pb 等时线），遥林岩体为 176±7Ma（LA－ICPMS），梨树沟岩体为 173±10Ma（U－Pb等时线）、215±26Ma（Rb－Sr 等时线），由此可见二长花岗岩的侵入时限为 189～176Ma，时代为早侏罗世普林斯巴阶-托阿尔阶。

二长花岗岩，肉红色，中粒花岗结构，块状构造，主要组成矿物为斜长石（35%～40%）、钾长石（25%～30%）、石英（25%～30%）、黑云母（5%），局部含白云母及石榴子石。$\delta Eu>7$，综合其各方面的特征，与 I 型花岗岩相近。岩体与 Sb、Au、Ag、Pb、Zn 矿产有联系。

钾长花岗岩、石英闪长岩、闪长岩建造，组成滴台复式岩体，岩体形态不规则，有大量岩枝贯入围岩之中，岩体长轴近东西向，东部过鸭绿江在朝鲜境内延伸。

钾长花岗岩建造，为滴台复式岩体的主体，称杨树排子岩体。岩体侵入南华纪和晚中生代火山岩，火山岩和老变质岩系在岩体中呈捕虏体出现。钾长花岗岩呈肉红色，中细粒花岗结构，块状构造，主要由斜长石（10%）、钾长石（60%）、石英（25%）、暗色矿物（5%，黑云母、角闪石）组成。岩体的测年数据有 106.3Ma（K－Ar），119.6±8.3Ma（Rb－Sr），时代为早白垩世阿普特阶—阿尔布阶。

石英闪长岩建造，系滴台复式岩体的组成部分，分布于杨树排子岩体的西部和北部，侵入晚中生代火山岩和前中生代地层，又被杨树排子钾长花岗岩侵入，两者呈脉动关系。石英闪长岩呈灰白色，中细粒柱状结构，块状构造，主要矿物有斜长石（65%）、石英（10%～15%）、暗色矿物（25%～30%，黑云、角闪石，前者多于后者），矿物粒度 1～3mm。石英闪长岩为壳幔混源的产物，与壳源的钾长花岗岩非同源。

闪长岩建造，也是滴台复式岩体的组成部分，分布于复式岩体的西南部，岔林场和中部杨树排子一带。南岔林场闪长岩是滴台复式岩体中早期侵入的产物，后被石英闪长岩和钾长花岗岩侵入。闪长岩与石英闪长岩的岩石特征、岩石化学及空间分布说明两者为同源岩浆经脉动或涌动定位。闪长岩呈灰白色，中细粒柱状结构，块状构造，主要矿物有斜长石（60%），石英（0～5%），暗色矿物（35%～40%，主要为黑云和角闪石，黑云母多于角闪石）；矿物粒度 1～3mm。

花岗斑岩建造，分布于预测区西南公益村一带，称公益村岩体。公益村岩体形态不规则，呈北西向枝状，岩石类型为花岗斑岩，还有人称之为中细粒白岗质花岗岩。花岗斑岩呈肉红色，斑状花岗结构，块状构造；斑晶主要为钾长石和少量斜长石，斑晶含量15%，基质呈细粒花岗结构，主要由钾长石(60%)、少量斜长石(15%)、石英(25%)和少量黑云母组成。在预测区外获得此类岩石的测年数据为97Ma(K－Ar)，时代为早白垩世。在图区内没有与花岗斑岩有关的矿产，但是在邻区花岗斑岩与Cu、Pb、Au、Ag矿产有一定的联系。此外还有零星分布的闪长玢岩、流纹斑岩、辉长岩脉等脉岩体。

3)沉积岩建造

(1)南华系。马达岭组紫色砾岩、长石石英砂岩、含砾长石石英砂岩；白房子组灰色细粒长石石英砂岩、杂色含云母粉砂岩、粉砂质页岩夹长石石英砂岩；钓鱼台组灰白色石英质角砾岩夹赤铁矿、灰白色石英砂岩、含海缘石石英砂岩；南芬组紫色、灰绿色页岩、粉砂质页岩夹泥灰岩；桥头组含海缘石石英砂岩、粉砂岩、页岩。

(2)震旦系。万隆组碎屑灰岩、藻屑灰岩、泥晶灰岩；八道江组浅灰碎屑灰岩、叠层石灰岩、藻屑灰岩夹硅质岩；清沟子组黑色页岩夹灰岩、白云质厚层状沥青质灰岩及菱铁矿化白云岩透镜体等。

(3)寒武系。水洞组黄绿色、紫红色粉砂岩、含海缘石和胶磷矿砾石细砂岩；碱厂组灰色质纯页岩、泥质灰岩、结晶页岩、黑灰色厚层豹皮状沥青质灰岩；馒头组东段紫红色含铁泥质白云岩、含石膏泥质白云岩、暗紫色粉砂岩夹石膏；河口段上部青灰色—黄绿色页岩、粉砂质页岩夹薄层页岩；张夏组青灰色厚层鳞状生物碎屑页岩、薄层灰岩夹少量页岩；崮山组紫色、黄绿色页岩、粉砂岩、竹叶状灰岩；炒米店组薄板状泥晶灰岩、泥晶砾屑灰岩、泥晶—亮晶生物碎屑灰岩夹黄绿色页岩。

(4)奥陶系。冶里组中层、中薄层灰岩夹紫色、黄绿色页岩和竹叶状灰岩；亮甲山组豹皮状灰岩夹燧石结核白云质灰岩；马家沟组白云质灰岩、灰岩夹豹皮状灰岩、燧石结核页岩。

(5)石炭系。本溪组黄灰色、灰白色砾岩夹黄绿色含铁质结核粉砂岩，青灰色，黄色石英砂岩，杂砂岩，粉砂岩，灰黑色碳质，黄绿色粉砂质页岩夹煤线；太原组灰色、灰绿色页岩、粉砂质页岩、铝土质页岩夹灰岩、泥灰岩，局部夹透镜状薄层煤；山西组暗色粗砂岩、粉砂岩、页岩夹煤。

(6)二叠系。石盒子组杂色中粗粒砂岩、细砂岩、页岩夹铝土质页岩；孙家沟组红色、砖红色砂岩、粉砂岩夹铝土质页岩。

(7)侏罗系。小东沟组紫灰色粉砂岩夹页岩；鹰嘴砬子组铁胶质砾岩、黄绿色页岩夹煤线、灰—灰绿色混灰岩、黄绿色厚层砂岩、长砂岩夹混灰岩；石人组黄绿色厚层砾岩夹粗砾岩。

(8)白垩系。小南组杂色砂岩、粉砂岩、紫色砾岩。

(9)第四系。Ⅱ级阶地灰黄色黄土、亚黏土；Ⅰ级阶地及河漫滩松散砂、砾石堆积。

4)变质岩建造

预测区内变质岩有中太古代英云闪长质片麻岩。新太古代变二长花岗岩。古元古代集安群荒岔沟组石墨变粒岩、含墨透辉变粒岩、含大理岩夹斜长角闪岩；大东岔岩组含矽线石榴变粒岩、片麻岩夹含榴黑云斜长片麻岩；老岭岩群珍珠门岩为白色厚层白云质大理岩、条带状角砾状大理岩；花山岩组为云母片岩、大理岩；临江岩组为二云片岩、黑云变粒岩夹灰白色中厚层石英岩；大栗子岩组为千枚岩夹大理岩及石英岩。

(二)岩浆热液型石咀-官马预测区

1.区域建造特征

石咀-官马预测区位于吉林省中部，二级构造岩浆带属于小兴安岭-张广才岭构造岩浆带的西缘磐石-双阳构造岩浆带(Ⅳ级)。区内晚古生代、燕山晚期岩浆活动十分强烈，并有同期的钙碱性火山岩侵出。驿马镇北部四合屯火山岩建造中有驿马热液型锑矿床，矿床附近有中侏罗世石英闪长岩出露。

2. 预测工作区构造建造特征

1)火山岩建造

窝瓜地组为酸性火山熔岩夹灰岩建造,由片理化流纹岩、凝灰熔岩、英安质凝灰岩夹灰岩组成,系沿近南北向断裂海底喷溢的产物。在灰岩夹层中有蜓类化石,时代为晚石炭世—早二叠世。

四合屯组为安山岩夹安山质火山碎屑岩建造和安山质集块岩建造,上部由深灰色安山岩夹安山质凝灰岩、安山质火山角砾岩、火山集块岩组成;下部由安山质凝灰角砾岩、流纹质凝灰角砾岩组成。在悬羊砬子、杨木顶子火山口附近夹有大量的火山集块岩、火山角砾岩。悬羊砬子火山口呈北北东向椭圆形,目前尚未发现环状断裂或放射状构造。组成南楼山-悬羊砬子火山构造隆起的早期喷溢-喷发相,基底为早古生代呼兰群或晚古生代吉林群。本组在预测区北倒木沟一带碎屑岩夹层中曾觅得植物化石,时代为晚三叠世。

玉兴屯组由上部凝灰质砂岩建造,中部流纹质-安山质火山碎屑岩建造和底部的凝灰质砂砾岩建造组成,分布于图区东北部细木河和南东部的联合一带,主体在预测区西部。属于钙碱性系列的火山喷发-沉积建造。

南楼山组顶部为流纹岩建造,由深灰色、暗红色流纹岩和晶屑玻屑流纹岩组成,属于溢流相;上部为安山岩、英安岩、安山质火山碎屑岩建造,岩性包括灰黑色、灰绿色安山岩和英安质含角砾凝灰岩,属溢流-喷发相;下部为安山质集块岩建造;底部为安山质凝灰角砾岩建造,岩性包括安山质集块岩、安山质凝灰角砾岩和流纹质凝灰角砾岩,属火山口相。底部分布较局限,见于预测区东南双鸭子一带854.09高地。南楼山组中酸性火山岩及其碎屑岩为壳幔混源的钙碱性系列。

2)侵入岩建造

岩浆活动包括火山活动与侵入作用,侵入岩与火山活动紧密相伴。在预测区内目前尚未发现与印支期有关的侵入岩,但在预测区以西,东胜利屯一带有印支期白云母花岗岩218.54Ma(K-Ar)。预测区内出露的主要是燕山早期钙碱系列花岗岩。

闪长岩,出露于晚三叠世四合屯组杨木顶子火山口附近,岩株状产出,岩石呈深灰色,斜长石含量50%～60%,暗色矿物为黑云母、角闪石。

石英闪长岩,分布于取紫河-官马断裂带和烟筒山-驿马断裂带,其长轴为北西或南北向,与火山岩的展布方向大体相同。石英闪长岩呈灰色、灰白色,柱粒结构,由斜长石(50%～60%)、石英(15%)、暗色矿物(25%～30%)组成。

花岗闪长岩,图区内分布面积较广,见于石嘴镇东、永宁、新开岭一带,此外在自由屯、驿马西等地零星分布。花岗闪长岩呈肉红色,似斑状结构,斑晶为斜长石、少量碱长石,斑晶含量10%,基质为中粒-中粗粒,其中有闪长岩包体和富云母包体。

二长花岗岩,在南楼山火山-侵入岩亚带,二长花岗岩类是分布面积最广的侵入岩之一,但在图区内仅分布于西部余庆、蛤蚂河及杨木岗、安乐乡一带。二长花岗岩呈肉红色,矿物粒度在1～3mm,主要矿物为斜长石、钾长石,含量均为35%,石英他形粒状占25%,其余为黑云母等暗色矿物。

正长花岗岩,分布于预测区西部,属于太平岭岩体的一部分,与预测区外的吉昌铁矿等有成因联系。正长花岗岩呈肉红色,主要由正长石、少量斜长石和石英组成,含少量黑云母等暗色矿物。

早白垩世花岗斑岩,分布于预测区的西部明城、七间房和小西沟一带,均呈小岩株产出。岩石呈斑状,斑晶为斜长石、角闪石和石英,含量约15%,基质为长英质。

3)沉积岩建造

沉积岩建造为石炭系-二叠系碎屑岩—碳酸盐岩—碎屑岩建造,分布于预测区西部,可能构成南楼山-悬羊砬子火山隆起的基底之一。

鹿圈屯组砂岩夹灰岩建造与灰岩互层建造,下部由粗砂岩、砂岩夹生物碎屑灰岩,上部为砂岩、生物碎屑灰岩互层组成，产大量的珊瑚、腕足类、牙形刺，厚度1185m，时代为早石炭世。

磨盘山组灰岩建造，由厚层结晶灰岩、含燧石生物碎屑灰岩、燧石条带灰岩组成，产大量的蜓类化石。厚度自南而北变大，南部大于350m，北部超过1000m，时代为早—晚石炭世。

石嘴子组砂岩与页岩互层夹灰岩建造，由细砂岩、砂质页岩、含砾砂岩夹灰岩组成，产蜓类化石，厚度南厚、北薄，在石嘴子一带厚度为578m。时代为晚石炭世—早二叠世。

寿山沟组砂岩夹灰岩建造，上部为砂质板岩、含砾粉砂岩、粉砂岩，下部为细砂岩、砂质板岩、粉砂岩夹生物屑灰岩，产蜓类、珊瑚、牙形刺等化石，厚度316m，时代为早二叠世。

4)变质岩建造

变质岩出露于驿马以西，西安屯、后自然屯一带。主要是黄莺屯岩组变质岩系，构成南楼山火山盆地的基底岩层。

黄莺屯岩组变粒岩与大理岩互层夹斜长角闪岩建造，由灰色黑云斜长变粒岩、黑云角闪斜长变粒岩与硅质条带大理岩互层，夹斜长角闪蓝晶石十字石白云母片岩。属于低温区域变质的高绿片岩-低角闪岩相。在中段大理岩夹变粒岩中测得同位素年龄为524±16Ma(Rb－Sr)，时代为寒武纪。原岩为基性-中酸性火山碎屑岩、陆缘碎屑岩、碳酸盐岩建造。

二、全省含锑建造

与锑矿成矿有关的地层为寒武系—奥陶系的水洞组、馒头组、张夏组、崮山组、炒米店组、冶里组、亮甲山组、马家沟组；石炭系—二叠系的本溪组、太原组、山西组、石盒子组、孙家沟组；侏罗系—白垩系的小东沟组、果松组、鹰嘴砬子组、石人组、小南沟组，以及第四系。详见第三章第一节成矿地质背景部分。

第六章　典型矿床与区域成矿规律研究

第一节　技术流程

一、典型矿床研究技术流程

(1)典型矿床选取具有一定规模、有代表性、未来资源潜力较大，在现有经济或选冶技术条件下能够开发利用，或技术改进后能够开发利用的矿床。

(2)从成矿地质条件、矿体空间分布特征、矿石物质组分及结构构造、矿石类型、成矿期次、成矿时代、成矿物质来源、控矿因素及找矿标志、矿床的形成及就位演化机制9个方面系统地研究典型矿床。

(3)从岩石类型、成矿时代、成矿环境、构造背景、矿物组合、结构构造、蚀变特征、控矿条件8个方面总结典型矿床的成矿要素。建立典型矿床的成矿模式。

(4)在典型矿床成矿要素研究的基础上叠加地球化学、地球物理、重砂、遥感及找矿标志，形成典型矿床预测要素，建立预测模型。

(5)以典型矿床不小于1∶1万的综合地质图为底图，编制典型矿床成矿要素图、预测要素图。

二、区域成矿规律研究技术流程

广泛搜集区域上与锑矿有关的矿床、矿点、矿化点的勘查、科研成果，按如下技术流程开展区域成矿规律研究：①确定矿床的成因类型；②研究成矿构造背景；③研究控矿因素；④研究成矿物质来源；⑤研究成矿时代；⑥研究区域所属成矿(区)带及成矿系列；⑦编制成矿规律图件。

第二节　典型矿床研究

一、典型矿床

本次典型矿床研究主要选取的矿床类型是岩浆期后热液型，代表矿床是白山青沟子锑矿床。

1. 地质构造环境及成矿条件

矿床位于前南华纪华北东部陆块（Ⅱ）胶辽吉元古代裂谷带（Ⅲ）老岭坳陷盆地内。

（1）地层：区域内出露的地层主要为下元古界老岭岩群珍珠门岩组、临江岩组和大栗子岩组。珍珠门岩组出露于区域的北西部，主要为白云石大理岩。临江市青沟子锑矿床地质图见图 6-2-1。

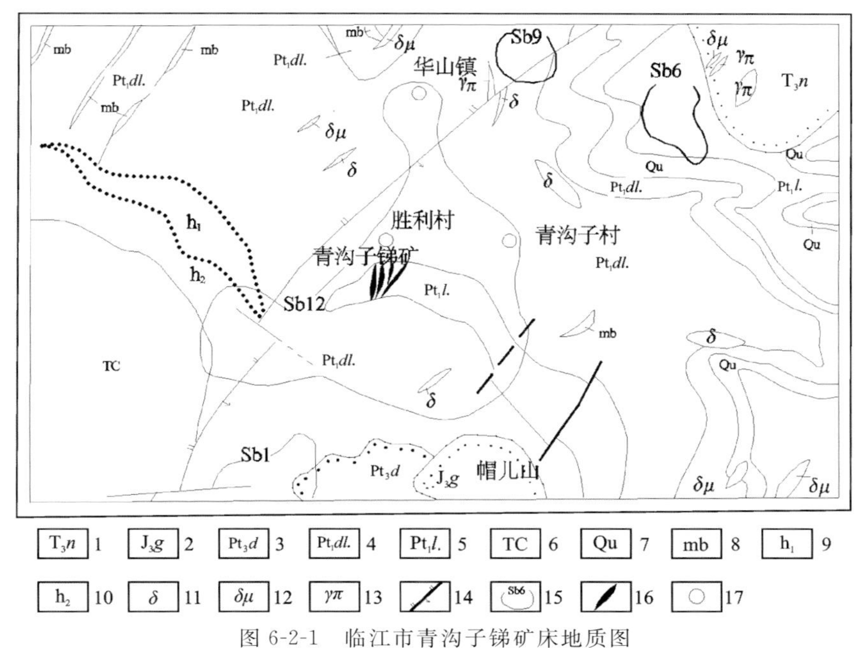

图 6-2-1　临江市青沟子锑矿床地质图

1. 闹枝沟组；2. 果松组；3. 白房子组；4. 大栗子岩组；5. 临江岩组；6. 草山单元；7. 石英岩；8. 大理岩；9. 角岩化岩石；10. 角岩；11. 闪长岩；12. 闪长玢岩；13. 花岗斑岩；14. 断裂构造；15. 锑水系异常；16. 锑矿体；17. 村镇

临江岩组出露于青沟子背斜核部，由北东向转南东向展布，呈向北东突出的弧形。为一套海相泥质碎屑岩建造，变质较浅。下部为二云片岩夹薄层石英岩，上部为中厚层石英岩（标志层）夹薄层绢云片岩等。临江岩组为锑矿的主要含矿层位。与上覆的大栗子岩组呈整合接触。

大栗子岩组分布在青沟子背斜两翼，也是由北东向转至南东向展布。划分为 3 个岩性段，下段为二云片岩、绢云片岩夹薄层石英岩；中段为十字石二云片岩、绢云片岩、千枚岩、二云片岩夹大理岩；上段为块状大理岩，赋存大栗子铁矿。

（2）构造：区域及外围构造变形发育，早元古宙老岭岩群经历了三期变质变形，第一期为以层理为变形面的近南北向的紧闭同斜。第二期为以第一期变形形成的透入性的片理为变形面的北西向歪斜褶皱，在褶皱斜折端发育有折劈理，是一种非透入性构造。第三期变形为以第二期变形形成的透入性片理为变形面的北东向开阔等厚褶皱，在褶皱转折端发育有扇形断层。青沟子背斜主体为第二期北西向变形，由于第三期变形的改造，使其呈向北突出近东西向展布的褶皱。区域断裂构造主要有北东向、东西向、北东向及北西向。

（3）侵入岩：区域出露有草山斑状黑云母花岗岩岩体及少量中性脉岩。草山岩体出露在矿区的西部，同位素年龄 197Ma（Rb－Sr），属Ⅰ型花岗岩。矿区内脉岩不甚发育，规模不大，主要分布在矿区中部及北部，主要发育有闪长岩、闪长玢岩、辉绿岩、煌斑岩，呈东西向、北东向、北西向展布，长几十米至 600m 不等，宽度 1m 至几十米，并多充填在断层中。

2. 矿体三维空间分布特征

矿床主矿脉带 6 条，赋存有 10 条工业矿体。矿脉严格受断裂构造控制，从Ⅰ、Ⅲ矿组各中段看，矿脉带产状亦有明显的变化，反映了多期构造复合叠加、继承的特点。矿体在矿脉中连续性差，呈尖灭再现和尖灭侧现分布。单个矿体以脉状、薄层状为主，其次为扁豆状、透镜状和不规则状。锑矿体近矿围岩主要为绢云片岩、碳质绢云片岩、石英岩、电气石变粒岩、含红柱石碳质黑云变粒岩等，矿体与围岩间界线清楚，近矿围岩具有不同程度的矿化和蚀变。围岩蚀变种类主要有硅化、碳酸盐化、绿泥石化、黄铁矿化、毒砂化等。

临江市青沟子锑矿床0号勘探线剖面如图6-2-2。Ⅰ-1-1号矿体，长140m，斜深180m。所处矿脉带走向200°～340°，倾向北东—南东，倾角25°～40°。矿体与围岩界线较清楚，矿石类型以角砾状、致密块状为主。矿体受后期构造破坏改造较明显，往往沿矿体顶底板及矿体中形成破碎带和构造镜面，反映冲断层和平移断层的特点，使矿体连续性差，形成较大的透镜体和扁豆体。矿体厚度、品位变化较大。厚0.08～1.06m，平均0.58m；品位0.19%～36.51%，平均10.75%。

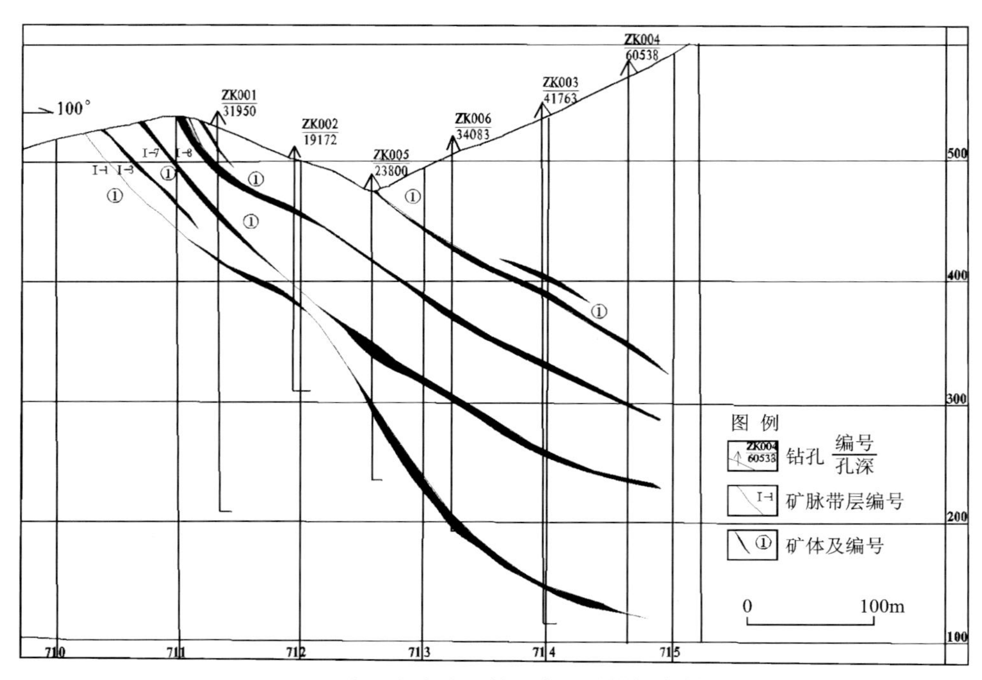

图6-2-2　临江市青沟子锑矿床0号勘探线剖面图

Ⅰ-7-1号矿体，长430m，斜深134m。矿脉带走向36°～200°，倾向北东—南东，倾角24°～50°。矿石类型以条带状、脉状和浸染状为主。矿体连续性好，受后期构造破坏较强，形成较宽破碎带，矿体品位、厚度均受到一定影响。矿体厚0.11～1.04m，平均0.52m；品位0.11%～29.45%，平均10.73%。

Ⅰ-8-1号矿体，长288m，斜深216m，矿脉带走向15°～20°，倾向南东和北东，倾角35°～50°。矿体在矿脉带中，以薄脉状为主，次为扁豆状、透镜状。矿石类型以致密块状、条带状、细网脉状为主，次为浸染状、角砾状。矿体厚0.14～5.78m，平均2.04m；品位0.15%～38.35%，平均4.49%。

Ⅲ-1-1号矿体，长2.5m，斜深179m，矿脉带走向北北东(20°)左右，倾向南东，倾角25°～40°，矿体不同部位赋存特征有所变化。矿石类型以致密块状为主，次为浸染状。矿体厚0.27～1.86m，平均0.71m；品位0.17%～33.70%，平均8.68%。

3. 矿床物质成分

(1)矿石成分。Sb6.17%、SiO_2 70.5%、Al_2O_3 4.59%、Fe_2O_3 10.80%、TiO_2 0.2%、CaO 0.63%、MgO 0.56%、Na_2O 0.15%、K_2O 0.01%、S4.68%、As1.94%、Cu42×10^{-6}、Pb12×10^{-6}、Zn96×10^{-6}、Au 0.15×10^{-9}、Ag2×10^{-6}，其中Ag、S含量偏高，可以综合回收。

(2)矿石类型。青沟子锑矿氧化带不发育,矿石自然类型均为硫化物矿石。根据矿石矿物组合,矿石工业类型分为石英-钨铁矿-自然砷-辉锑矿矿石,石英-毒矿-黄铁矿-辉锑矿矿石,石英-辉锑矿矿石。根据矿石特质成分及结构构造分为致密块状矿石,细脉浸染状矿石,胶结角砾-角砾状矿石,含钨铁矿条带状矿石。

(3)矿物组合。矿石矿物成分主要有辉锑矿、自然砷、钨铁矿、黄铁矿、磁黄铁矿、白铁矿、毒砂、磁铁矿、钛铁矿、褐铁矿、石英、绢云母、绿泥石、黑云母、方解石、电气石和石墨等。

(4)矿石结构构造。结构有粒状结构、自形晶结构、显微叶片状结构、放射状结构、交代残余结构、显微状结构、应力双晶结构及碎斑结构;构造有块状构造、团块状构造、浸染状构造、条带状构造、条纹状构造、细脉一脉状构造、胶结角砾一角砾状构造、晶洞(簇)构造。

4. 蚀变类型及分带性

矿床围岩蚀变种类主要为硅化、绢云母化、碳酸盐化、绿泥石化、黄铁矿化、毒砂化和辉锑矿化。

矿体上盘比矿体下盘蚀变强,蚀变种类以硅化、碳酸盐化、黄铁矿化、毒砂化为主,绿泥石化、电气石化、辉锑矿化较弱;蚀变特征以裂隙、微裂隙充填为主;蚀变规模,矿体上盘宽十几米,矿体下盘几米;蚀变分带不明显。从坑道矿脉带中观察,硅化与锑矿相伴产出,硅化较强的部位矿化好,硅化弱则矿化差,无硅化基本无矿。

5. 成矿阶段

根据矿物组合、穿切关系及蚀变特征,青沟子锑矿床划分为一个热液期,4 个矿化阶段。

(1)硅化石英-黄铁矿-毒砂阶段。该阶段矿物组合由硅化石英、黄铁矿、毒矿,少量磁黄铁矿、黄铜矿组成。经爆裂测温,形成温度在 275～310℃之间。

(2)硅化石英-钨铁矿-自然砷-柱状辉锑矿阶段。该阶段是锑矿成矿的主要阶段,热液活动持续时间较长。矿物组合有钨铁矿、自然砷、粒状辉锑矿、巨晶辉锑矿、毛发状辉锑矿、硅化石英、绢云母等。该阶段所形成的辉锑矿主要发育于Ⅰ、Ⅲ矿组,经爆裂测温,大粒辉锑矿形成温度在 200～225℃之间。

根据硅化石英和辉锑矿的结晶形态,在同一成矿阶段中同种矿物沉淀的先后顺序,分为 3 个矿物世代。第一世代为“马牙状”(梳状)石英-巨晶状(粒状)辉锑矿世代;第二世代为粒状硅化石英-针柱状辉锑矿世代;第三世代为自形小柱状(或粒状)石英晶簇-毛发状辉锑矿世代。

(3)硅化石英-毒砂-细砂辉锑矿阶段。该阶段也是辉锑矿的主要成矿阶段。主要矿物组合由硅化石英、自形毒砂、黄铁矿、辉锑矿组成。经爆裂测温,两个辉锑矿样品的温度分别为 275℃和 270℃,平均 252℃,明显高于第二成矿阶段的形成温度。

(4)硅化石英-碳酸盐阶段。该阶段为热液活动结束阶段。矿物组合简单,为石英和方解石,基本不含硫化物。

6. 成矿时代

在坑道中取与矿体没有直接关系的闪斜煌斑岩,K - Ar 全岩平龄为 296.08±4.34Ma。采坑道中矿体上盘与锑矿紧密接触,被辉锑矿微细脉穿切的蚀变闪斜煌斑岩,K - Ar 全岩平龄为 127.49±8.38Ma,可作为矿床成矿年龄的上限。结合区域上,老秃顶子岩体年龄 186Ma(K - Ar),草山岩体(Rb - Sr)年龄 197±10Ma,均属燕山早期活动,因此锑矿形成年龄应为燕山早期。

7. 地球化学特征及成矿物理化学条件

(1)微量元素特征。在片岩和石英岩中 Ag、Pb、Zn 含量高于地壳丰度值,Bi 含量与地壳丰度值相近,Sb 含量变化较大,总体与地壳丰度接近,Au、Cu、Sn、As、Hg 含量低于地壳丰度值;在辉绿岩中,Ag、Zn、Sb 含量高于地壳丰度值,Bi、Pb 含量接近地壳丰度值,Cu、Sn、As、Hg 含量低于地壳丰度值;在闪长玢岩及纳长斑岩中,Ag、Zn 含量高于地壳丰度值,Pb 含量与地壳丰度值相近,其他元素含量较低。Sb 在含十字石二云片岩、石英岩及辉绿岩等一些地层及脉岩中含量较高,高出地壳丰度值一个数量级以上，是锑矿成矿的主要矿质来源。

（2）硫同位素特征。$\delta^{34}S$ 均为正值，总变化范围为 2.10‰～11.78‰，极差 9.68‰，平均值 6.41‰，标准离差 3.05，变化范围不大，显示本矿床硫同位素组成以富重硫为特征。因样品较少，塔式效应不明显。7 件辉锑矿样品 $\delta^{34}S$ 变化范围较小，在 2.10‰～5.18‰之间，极差 3.08‰，平均值 3.94‰，接近陨石硫。说明辉锑矿沉淀时的物理化学条件比较稳定，硫源均一化程度较高，锑成矿与岩浆热液活动有关。

通过对硫同位素与爆裂温度关系的研究，证明硫同位素与温度之间具正相关性，$T=206.11+8.23\delta^{34}S$。

（3）氢氧同位素特征。在矿床内采集石英样品分析氢氧同位素组成，$\delta^{18}O$ 变化范围在 14.96‰～18.56‰，经换算，$\delta^{18}O_{H_2O}$ 值在 7.49‰～8.05‰之间，平均 7.74‰。石英包体水的 δD 变化范围为 −84.3‰～−121.0‰之间，平均 −98.5‰。对石英包体水的 δD 和 $\delta^{18}O_{H_2O}$ 值投影，有 2 个样品落入正常岩浆水区域，1 个样品落入正常岩浆水区域附近的区域中，说明本矿床成矿溶液主要来自岩浆热液，其次有大气降水的混染。

（4）包裹体成分特征。与辉锑矿有关的石英包裹体成分总特征为 $Cl^->F^-$，$Mg^{2+}>Ca^{2+}$，$Na^++K^+>Ca^{2+}$，$K^+>Ca^{2+}$，CO_2、CO 气体含量较高，离子浓度（离子浓度系指 Na^+、K^+、Ca^{2+}、Mg^{2+}、F^-、Cl^- 这 6 种离子之和的重量百分浓度）较低，为 0.6～0.8。水的类型为 K-Na-Mg-Cl^- 型。对包裹体中阳离子组分比值计算结果 $K^+/[Ca^{2+}+Mg^{2+}]$ 在 0.59～1.1 之间，平均 0.85，Na^+/K^+ 在 0.53～0.80 之间，平均 0.67，将结果投影于 Na^+/K^+-$K^+/[Ca^{2+}+Mg^{2+}]$ 关系图中，石英包裹体投影位置与以富 K 和贫 Ca、Na 为特征的花岗岩矿物包裹体位置接近。

（5）pH 值特征。根据硫同位素、氢氧同位素、包裹体成分、包裹体测温、同位素年龄、热液蚀变和结构构造特征，成矿溶液属于一种富硅的弱碱性溶液，成矿元素 Sb 在溶液中主要呈络合物 $[SbCl_4]^-$、$[SbS_3]^{3-}$、$[Sb(HS)]$ 等形式存在。Sb 在碱性条件下迁移，在弱酸性（pH6.58）条件下沉淀为岩浆（房）热液。

（6）成矿温度。辉锑矿爆裂温度最低 210℃，最高 270℃，一般在 220～235℃之间；黄铁矿爆裂温度最高 290℃，最低 280℃，平均 285℃；磁黄铁矿爆裂温度 310℃；毒砂爆裂温度 275℃。全区平均爆裂温度 263℃。

故矿物形成温度由高到低的顺序是磁黄铁矿—黄铁矿—毒矿—辉锑矿。这种温度序列基本上与各成矿阶段矿物生成顺序相吻合。

8. 物质来源

根据硫同位素、氢氧同位素特征，青沟子锑矿其成矿物质来源与岩浆作用有关。根据锑矿常呈脉状，与围岩界线清楚，并伴有浅成脉岩出现，矿石常具角砾状，晶洞、晶簇状构造等特征，说明锑矿是在浅成低压环境中形成；锑矿形成温度多在 220～235℃，因此，锑矿成矿温度在 200℃左右，属中低温环境；成矿年龄上限为印支期。矿床成因类型属于岩浆期后中低温热液充填型锑矿床，工业类型为石英脉（或破碎带网状脉）型锑矿床。

9. 控矿因素及找矿标志

（1）控矿因素。矿区内锑矿脉（体）主要受北东、北北东、北西、近南北和近东西向断裂构造控制，矿脉的展布方向严格受构造面的制约。断裂性质、规模在一定程度上决定了矿脉的规模。力学性质复杂、活动期次多、时间长、断层破碎带宽的断裂，为矿液活动、充填提供了良好条件，故形成了厚度较大、品位较富、连续性好的矿脉（体）。断裂切割背斜核部，在其背斜顶部成矿较好，易形成工业矿体。目前青沟子锑矿的工业矿体，均控制在青沟子倒转背斜的核部，两翼矿化不佳。综上，北东向深大断裂是导矿构造，次级构造为储矿构造。

地层控矿。锑矿化明显受地层岩性控制，主要矿体赋存在临江岩组、大栗子岩组泥质碎屑岩的中浅变质岩系的云母片岩、石英岩、千枚岩中，这些岩石有利于断层破碎带和节理裂隙的形成。其中断裂构造上下盘为绢云片岩、二云片岩，形成了较好的封闭条件，有利于矿液富集。区内临江岩组云母片岩是良好的屏蔽层，易形成规模较大的工业矿体。石英岩中矿化分散，不易形成工业矿体。

岩浆岩与成矿的关系。矿床与岩浆岩在空间、时间、成因上有着极为密切的联系，矿床成因为中低温热液充填型，主要是印支期草山单元黑云母花岗岩期后热液活动的产物。多期次热液活动与多次成矿作用以及相伴的中酸性岩脉侵位，无疑为锑成矿提供了良好的物源和热源。

(2)找矿标志：北东向陡倾斜断裂及旁侧次级断裂构造是区域找矿标志；褶皱构造加上断裂构造是寻找锑矿体构造标志；临江岩组、大栗子岩组碳质绢云片岩、千枚岩、石英岩等为锑矿床地层岩性标志；断裂带硅化、黄铁矿化、毒砂化等是找矿蚀变标志；锑、金、砷分散流、次生晕是地球化学找矿标志；低电阻率、高充电率是寻找块状锑矿体物探标志；砷、锑重砂和水系异常是寻找锑矿体地球化学标志。

二、典型矿床成矿要素特征

充分收集矿产普查中发现的锑矿床，并探讨矿产生成的岩性、岩相、古地理与区域地质构造之间的成因联系，为矿产预测提供典型矿床成矿要素一览表（表 6-2-1）最为直接的信息，并叠加了专业部门提供的物探、化探、遥感资料。

表 6-2-1 临江市青沟子锑矿床成矿要素表

成矿要素		内容描述	成矿要素类别
矿床成因		岩浆期后中低温热液充填型锑矿床	
地质环境	岩石类型	二云片岩、石英岩、花岗岩	必要
	成矿时代	燕山早期	必要
	成矿环境	开阔的等厚褶皱转折端发育有扇形断层部位，叠加有北东向、东西向断裂部位	必要
	构造背景	前南华纪华北东部陆块(Ⅱ)，胶辽吉元古代裂谷带(Ⅲ)，老岭坳陷盆地(Ⅳ)内	重要
矿床特征	矿物组合	主要有辉锑矿、自然砷、钨铁矿、黄铁矿、磁黄铁矿、白铁矿、毒砂、磁铁矿、钛铁矿、褐铁矿、石英、绢云母、绿泥石、黑云母、方解石、电气石和石墨等	重要
	结构构造	结构有粒状结构、自形晶结构、显微叶片状结构、放射状结构、交代残余结构、显微状结构、应力双晶结构及碎斑结构；构造有块状构造、团块状构造、浸染状构造、条带状构造、条纹状构造、细脉—脉状构造、胶结角砾—角砾状构造、晶洞(簇)构造	次要
	蚀变特征	矿床围岩蚀变种类主要为硅化、绢云母化、碳酸盐化、绿泥石化、黄铁矿化、毒砂化和辉锑矿化。矿体上盘比矿体下盘蚀变强，蚀变种类以硅化、碳酸盐化、黄铁矿化、毒砂化为主，绿泥石化、电气石化、辉锑矿化较弱；蚀变特征以裂隙、微裂隙充填为主；蚀变规模，矿体上盘宽十几米，矿体下盘几米；蚀变分带不明显。从坑道矿脉带中观察，硅化与锑矿相伴产出，硅化较强的部位矿化好，硅化弱则矿化差，无硅化基本无矿	重要
	控矿条件	构造控矿：矿体主要受北东、北北东、北西、近南北和近东西向断裂构造控制，断裂切割背斜核部，在其背斜顶部成矿较好，易形成工业矿体。北东向深大断裂是导矿构造，次级构造为储矿构造。 地层控矿：主要矿体赋存在临江岩组、大栗子岩组泥质碎屑岩的中浅变质岩系的云母片岩、石英岩、千枚岩中，这些岩石有利于断层破碎带和节理裂隙的形成；在空间上、时间上、成因上与印支期草山单元黑云母花岗岩期后热液活动有着极为密切的联系	必要

三、典型矿床成矿模式

青沟子锑矿的成矿模式可以概述为：燕山早期，草山岩体黑云母花岗岩及同源中基性岩脉侵位于古元古代晚期老岭岩群大栗子岩组及临江岩组二云片岩、千枚岩、石英岩中，在岩浆热液及少部分地下水参与下，在弱碱性、还原环境，热液将岩体及地层中硫、锑等有用元素萃取、富集、迁移到青沟子复式背斜核部，并在扇形断裂有利空间沉淀填充，形成矿体。青沟子锑矿成矿模型如图 6-2-3 所示。青沟子锑矿的成矿特征见表 6-2-2。

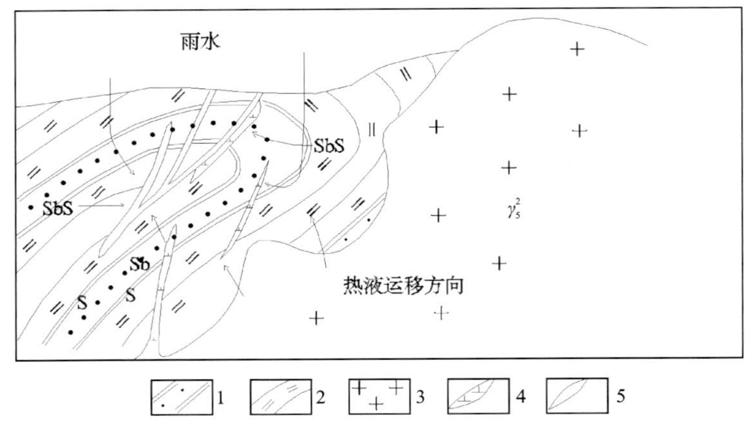

图 6-2-3　青沟子锑矿成矿模型图

1.临江岩组石英岩；2.大栗子岩组二云片岩；3.燕山早期花岗岩；4.燕山期闪长玢岩脉；5.矿体

表 6-2-2　临江市青沟子锑矿床模型表

名称	临江市青沟子锑矿	
成矿的地质构造环境	前南华纪华北东部陆块（Ⅱ），胶辽吉元古代裂谷带（Ⅲ），老岭坳陷盆地（Ⅳ）	
控矿的各类及主要控矿因素	构造控矿：矿体主要受北东、北北东、北西、近南北和近东西向断裂构造控制，断裂切割背斜核部，在其背斜顶部成矿较好，易形成工业矿体。北东向深大断裂是导矿构造，次级构造为储矿构造。 地层控矿：主要矿体赋存在临江岩组、大栗子岩组泥质碎屑岩的中浅变质岩系的云母片岩、石英岩、千枚岩中，这些岩石有利于断层破碎带和节理裂隙的形成；在空间上、时间上、成因上与印支期草山单元黑云母花岗岩期后热液活动有着极为密切的联系	
矿床的三度空间分布特征	产状	15°～340°，倾向北东—南东，倾角 25°～40°
	形态	单个矿体以脉状、薄层状为主，其次为扁豆状、透镜状和不规则状
矿床的物质组成	矿石类型	矿石自然类型均为硫化物矿石
	矿物组合	主要有辉锑矿、自然砷、钨铁矿、黄铁矿、磁黄铁矿、白铁矿、毒砂、磁铁矿、钛铁矿、褐铁矿、石英、绢云母、绿泥石、黑云母、方解石、电气石和石墨等
	结构构造	结构有粒状结构、自形晶结构、显微叶片状结构、放射状结构、交代残余结构、显微状结构、应力双晶结构及碎斑结构；构造有块状构造、团块状构造、浸染状构造、条带状构造、条纹状构造、细脉－脉状构造、胶结角砾－角砾状构造、晶洞（簇）构造
	主元素含量	7.22%

续表 6-2-2

名称	临江市青沟子锑矿
成矿期次	硅化石英-黄铁矿-毒砂阶段：该阶段矿物组合由硅化石英、黄铁矿、毒矿，少量磁黄铁矿、黄铜矿组成。经爆裂测温，形成温度在275～310℃之间。 硅化石英-钨铁矿-自然砷-柱状辉锑矿阶段：该阶段是锑矿成矿的主要阶段，热液活动持续时间较长。矿物组合有钨铁矿、自然砷、粒状辉锑矿、巨晶辉锑矿、毛发状辉锑矿、硅化石英、绢云母等。该阶段所形成的辉锑矿主要发育于Ⅰ、Ⅲ矿组，经爆裂测温，大粒辉锑矿形成温度在200～225℃。 硅化石英-毒砂-细砂辉锑矿阶段：该阶段也是辉锑矿的主要成矿阶段。主要矿物组合为硅化石英、自形毒砂、黄铁矿、辉锑矿。经爆裂测温，两个辉锑矿样品的温度分别为275℃和270℃，平均252℃，明显高于第二成矿阶段的形成温度。 硅化石英-碳酸盐阶段：该阶段为热液活动结束阶段。矿物组合简单，为石英和方解石，基本不含硫化物
矿床的地球物理特征及标志	在1∶25万布格重力异常图上，青沟子锑矿床位于头西尾东龟形重力低异常的东侧梯度带边缘，外围重力高异常环绕。重力低异常由两部分组成，西北龟头呈等轴状，异常较小，梯度缓，与老秃顶子花岗岩体有关，东部龟身近椭圆状，东西走向，长14.7km，宽8.4km，最低值为$-55\times10^{-5}m/s^2$，边部梯度陡，为整个重力低异常的主体部分，最低值为$-55\times10^{-5}m/s^2$，为草山花岗岩体引起。东侧锑矿床处重力高异常平缓，向南北两侧场值逐渐升高，形成半环形异常带，为老岭岩群花山组、临江岩组、大栗子岩组地层引起。 在1∶5万航磁异常图上，区内正异常位于草山花岗岩体东半部边缘，为岩体与老岭岩群地层接触带异常。锑矿床处于靠近正异常区的东部负异常区一侧南北向线性梯度带局部向东凸起部位，为一处强度较弱的相对高磁异常，最大值为－10nT，应为蚀变带磁异常。北东侧分布有较低负异常。以锑矿床处凸起异常为界，梯度带北段紧密，南段发散。锑矿床位于南北向梯度带与北西向梯度带、场区分界线的交会处，反映出矿床的形成受构造控制的特点
矿床的地球化学特征及标志	工作区具有亲石、碱土金属元素同生地球化学场性质。属于中低山森林景观区。主成矿元素锑具有清晰的三级分带和明显的浓集中心，异常强度很高，峰值达到40×10^{-6}，是直接找矿标志。锑组合异常组分复杂，形成复杂元素组分的叠生地球化学场，是成矿的主要场所。锑综合异常具备优良的成矿条件及找矿前景，空间上与分布的矿产积极响应，具有矿致性，是重要的找矿靶区。主要的找矿指示元素为Sb、Au、Cu、Pb、Zn、Ag、As、Hg。其中Sb、Au、Cu、Pb、Zn、Ag是近矿指示元素，As、Hg是远程找矿指示元素
重砂标志	预测工作区内出现的重砂矿物主要为辰砂，表明锑矿主要是在中低温热液状态下富集
成矿物理化学条件	锑在碱性条件下迁移，在弱酸性（pH＝6.58）条件下沉淀。辉锑矿爆裂温度最低210℃，最高270℃，一般在220～235℃之间
成矿时代	燕山早期
矿床成因	岩浆期后中低温热液充填型锑矿床

第三节　预测工作区成矿规律研究

一、预测工作区底图的确定

1. 编图区范围

(1)岩浆热液型荒沟山-南岔预测区。编图区主要位于长白山市境内，东以鸭绿江为界与朝鲜相邻，北始咋子镇、湾沟，南至公益乡、老虎山，南北宽55km；西起五道江镇、六道沟乡，东达鸭绿江和闹枝乡，东西长62km(北部)。

(2)岩浆热液型石咀-官马预测区。编图区位于磐石县境内，北起烟筒山，南至石咀镇南安乐乡、自由屯，东始吉昌镇联合、大甲黑顶子，西到驿马镇西河北屯。

2. 地质构造专题底图特征

(1)区内已知的锑矿床、矿点、矿化点的成矿均与侵入岩有着密切的成生联系，遵照上级有关成矿预测区编图要求，这一预测区要编制侵入岩岩浆建造构造图，要将含矿目的层作为重点显示出来，以岩体剖面、路线实际材料图为依据。

(2)将与锑成矿有关的地质矿产信息表达于图面，以矿产资料为依据。

(3)充分应用综合信息资料。将这一区域的遥感解译、物探、化探等相关资料表达在图面上，起到矿产预测应有的作用。

二、预测工作区成矿要素特征

荒沟山-南岔预测工作区成矿要素特征见表6-3-1。

表6-3-1　荒沟山-南岔预测工作区成矿要素表

成矿要素		内容描述	成矿要素类别
矿床成因		岩浆期后中低温热液充填型锑矿床	
地质环境	岩石类型	二云片岩、石英岩、花岗岩	必要
	成矿时代	燕山早期	必要
	成矿环境	开阔的等厚褶皱转折端发育有扇形断层部位，叠加有北东向、东西向断裂部位	必要
	构造背景	前南华纪华北东部陆块(Ⅱ)，胶辽吉元古代裂谷带(Ⅲ)，老岭坳陷盆地(Ⅳ)内	重要
矿床特征	矿物组合	主要有辉锑矿、自然砷、钨铁矿、黄铁矿、磁黄铁矿、白铁矿、毒砂、磁铁矿、钛铁矿、褐铁矿、石英、绢云母、绿泥石、黑云母、方解石、电气石和石墨等	重要
	结构构造	结构有粒状结构、自形晶结构、显微叶片状结构、放射状结构、交代残余结构、显微状结构、应力双晶结构及碎斑结构；构造有块状构造、团块状构造、浸染状构造、条带状构造、条纹状构造、细脉—脉状构造、胶结角砾—角砾状构造、晶洞(簇)构造	次要

续表 6-3-1

成矿要素		内容描述	成矿要素类别
矿床特征	蚀变特征	矿床围岩蚀变种类主要为硅化、绢云母化、碳酸盐化、绿泥石化、黄铁矿化、毒砂化和辉锑矿化。矿体上盘比蚀变下盘蚀变强，蚀变种类以硅化、碳酸盐化、黄铁矿化、毒砂化为主，绿泥石化、电气石化、辉锑矿化较弱；蚀变特征以裂隙、微裂隙充填为主；蚀变规模，矿体上盘宽十几米，矿体下盘几米；蚀变分带不明显。从坑道矿脉带中观察，硅化与锑矿相伴产出，硅化较强的部位矿化好，硅化弱则矿化差，无硅化基本无矿	重要
	控矿条件	构造控矿：矿体主要受北东、北北东、北西、近南北和近东西向断裂构造控制，断裂切割背斜核部，在其背斜顶部成矿较好，易形成工业矿体。北东向深大断裂是导矿构造，次级构造为储矿构造。 地层控矿：主要矿体赋存在临江岩组、大栗子岩组泥质碎屑岩的中浅变质岩系的云母片岩、石英岩、千枚岩中，这些岩石有利于断层破碎带和节理裂隙的形成；在空间上、时间上、成因上与印支期草山单元黑云母花岗岩期后热液活动有着极为密切的联系	必要

石咀-官马预测工作区成矿要素特征见表 6-3-2

表 6-3-2　石咀-官马预测工作区成矿要素表

成矿要素		内容描述	成矿要素类别
矿床成因		岩浆热液型锑矿床	
地质环境	岩石类型	石英闪长岩、石英正长岩岩、花岗岩	必要
	成矿时代	燕山早期	必要
	成矿环境	矿床处于永吉中生代火山岩盆地西南部边缘，区内北西向断裂构造发育	必要
	构造背景	二级构造岩浆带属于小兴安岭-张广才岭构造岩浆带西缘的磐石-双阳构造岩浆带（Ⅳ级）	重要
矿床特征	矿物组合	主要有辉锑矿、自然砷、钨铁矿、黄铁矿、磁黄铁矿、白铁矿、毒砂、磁铁矿、钛铁矿、褐铁矿、石英、绢云母、绿泥石、黑云母、方解石、电气石和石墨等	重要
	结构构造	结构有粒状结构、自形晶结构、显微叶片状结构、放射状结构、交代残余结构、显微状结构、应力双晶结构及碎斑结构；构造有块状构造、团块状构造、浸染状构造、条带状构造、条纹状构造、细脉一脉状构造、胶结角砾一角砾状构造、晶洞（簇）构造	次要
	蚀变特征	硅化、碳酸盐化，伴有绿帘石化、滑石化、绢云母化。形成褪色蚀变带，宽0.5～10m	重要
	控矿条件	构造控矿：矿体为矿化石英脉，产于晚三叠世安山岩、安山角砾岩中，受北西向断裂构造控制。北西向断裂构造往往与安山岩原生纵节理重叠。 地层控矿：主要矿体赋存在临江岩组、大栗子岩组泥质碎屑岩的中浅变质岩系的云母片岩、石英岩、千枚岩中，这些岩石有利于断层破碎带和节理裂隙的形成；在空间上、时间上、成因上与燕山早期草山单元黑云母花岗岩期后热液活动有着极为密切的联系	必要

三、预测工作区域成矿模式

荒沟山-南岔预测区

1. 成矿时代

燕山期

2. 大地构造位置

南华纪华北东部陆块(Ⅱ),胶辽吉元古代裂谷带(Ⅲ),老岭坳陷盆地内。

3. 赋矿层位

锑矿主要赋存在临江岩组、大栗子岩组浅变质岩系的云母片岩、石英岩、千枚岩中。

4. 矿体特征

矿脉严格受断裂构造控制,矿脉带产状反映了多期构造复合叠加、继承的特点。矿体在矿脉中连续性差,呈尖灭再现和尖灭侧现分布。单个矿体以脉状、薄层状为主,其次为扁豆状、透镜状和不规则状。

5. 地球化学特征及成矿物理化学条件

(1)微量元素特征。在片岩和石英岩中 Ag、Pb、Zn 含量高于地壳丰度值,Bi 含量与地壳丰度值相近,Sb 含量变化较大,总体与地壳丰度值接近;在辉绿岩中,Ag、Zn、Sb 含量高于地壳丰度值,Bi、Pb 含量接近地壳丰度值;Sb 在含十字石二云片岩、石英岩及辉绿岩等一些地层及脉岩中含量较高,高出地壳丰度值一个数量级以上,是锑矿成矿的主要矿质来源。

(2)硫同位素特征。$\delta^{34}S$ 均为正值,总变化范围为 2.10‰~11.78‰,极差 9.68‰,平均值 6.41‰,标准离差 3.05,变化范围不大,显示本矿床硫同位素组成以富重硫为特征,辉锑矿样品 $\delta^{34}S$ 在 2.10‰~5.18‰之间,极差 3.08‰,平均值 3.94‰,接近陨石硫。说明辉锑矿沉淀时的物理化学条件比较稳定,硫源均一化程度较高,锑成矿与岩浆热液活动有关。

(3)氢氧同位素特征。在矿床内采集石英样品分析氢氧同位素组成,$\delta^{18}O$ 变化范围在 14.96‰~18.56‰,经换算,$\delta^{18}O_{H_2O}$ 值在 7.49‰~8.05‰之间,平均 7.74‰。石英包裹体水的 δD 变化范围为 −84.3‰~−121.0‰之间,平均 −98.5‰。对石英包裹体水的 δD 和 $\delta^{18}O_{H_2O}$ 值投影,有 2 个样品落入正常岩浆水区域,1 个样品落入正常岩浆水区域附近,说明本矿床成矿溶液主要来自岩浆热液,其次有大气降水的混染。

(4)pH 值特征。锑在碱性条件下迁移,在弱酸性(pH=6.58)条件下沉淀。

(5)成矿温度。辉锑矿爆裂温度最低 210℃,最高 270℃,一般在 220~235℃之间,全区平均爆裂温度 263℃。

6. 成矿物质来源

多期次热液活动与多次成矿作用,以及相伴的中酸性岩脉侵位,为锑成矿提供了良好的物源和热源。

7. 控矿因素

构造控矿:矿区内锑矿脉(体)主要受北东、北北东、北西、近南北和近东西向断裂构造控制,矿脉的展布方向严格受构造面的制约。断层破碎带宽的断裂，为矿液活动、充填提供了良好条件，形成了厚度较大、品位较富、连续性好的矿脉(体)。断裂切割背斜核部，在其背斜顶部成矿较好，易形成工业矿体。

地层控矿：锑矿化明显受地层岩性控制，主要矿体赋存在临江岩组、大栗子岩组泥质碎屑岩的中浅变质岩系的云母片岩、石英岩、千枚岩中，这些岩石有利于断层破碎带和节理裂隙的形成。其中断裂构造上下盘为绢云片岩、二云片岩，提供了较好的封闭条件，有利于矿液富集。区内临江岩组云母片岩是良好的屏蔽层，易形成规模较大的工业矿体。石英岩中矿化分散，不易形成工业矿体。

8. 成矿作用及演化

燕山早期，草山岩体黑云母花岗岩及同源中基性岩脉侵位于早元古代晚期老岭岩群大栗子岩组及临江岩组二云片岩、千枚岩、石英岩等中，在岩浆热液及少部分地下水参与下，在弱碱性、还原环境，热液将岩体及地层中硫、锑等有用元素萃取、富集、迁移到青沟子复式背斜核部，并在扇形断裂有利空间沉淀充填成矿(图 6-3-1)。

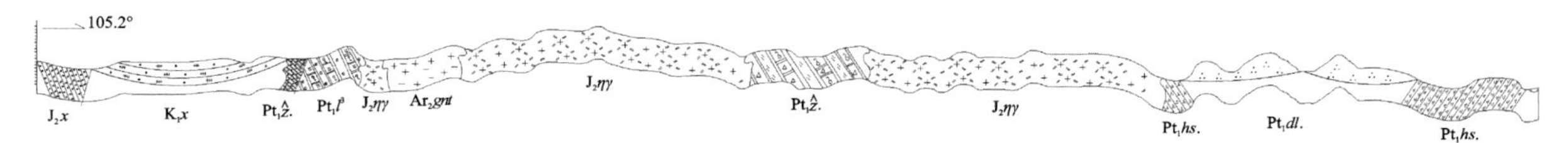

图 6-3-1　荒沟山-南岔锑矿预测工作区成矿模式图

石咀-官马预测区成矿模式见表 6-3-3、图 6-3-2。

表 6-3-3　石咀-官马预测工作区成矿模式

矿床成因	岩浆热液型锑矿床	
成矿的地质构造环境	二级构造岩浆带属于小兴安岭-张广才岭构造岩浆带西缘的磐石-双阳构造岩浆带(Ⅳ级)	
控矿的各类及主要控矿因素	构造控矿：矿体主要受北东、北北东、北西、近南北和近东西向断裂构造控制，断裂切割背斜核部，在其背斜顶部成矿较好，易形成工业矿体。北东向深大断裂是导矿构造，次级构造为储矿构造。 地层控矿：主要矿体赋存在临江岩组、大栗子岩组泥质碎屑岩的中浅变质岩系的云母片岩、石英岩、千枚岩中，这些岩石有利于断层破碎带和节理裂隙的形成；在空间、时间、成因上与印支期草山单元黑云母花岗岩期后热液活动有着极为密切的联系	
矿床的三度空间分布特征	产状	15°～340°，倾向北东—南东，倾角 25°～40°
	形态	单个矿体以脉状、薄层状为主，其次为扁豆状、透镜状和不规则状
成矿期次	硅化石英-黄铁矿-毒砂阶段：该阶段矿物组合由硅化石英、黄铁矿、毒矿，少量磁黄铁矿、黄铜矿组成。经爆裂测温，形成温度在 275～310℃之间。 硅化石英-钨铁矿-自然砷-柱状辉锑矿阶段：该阶段是锑矿成矿的主要阶段，热液活动持续时间较长。矿物组合由钨铁矿、自然砷、粒状辉锑矿、巨晶辉锑矿、毛发状辉锑矿、硅化石英、绢云母等组成。该阶段所形成的辉锑矿主要发育于Ⅰ、Ⅲ矿组，经爆裂测温，大粒辉锑矿形成温度在 200～225℃之间。 硅化石英-毒砂-细砂辉锑矿阶段：该阶段也是辉锑矿的主要成矿阶段。主要矿物组合由硅化石英、自形毒砂、黄铁矿、辉锑矿组成。经爆裂测温，两个辉锑矿样品的温度分别为 275℃和 270℃，平均 252℃，明显高于第二成矿阶段的形成温度。 硅化石英-碳酸盐阶段：该阶段为热液活动结束阶段。矿物组合简单，为石英和方解石，基本不含硫化物	
成矿时代	燕山早期	
矿床成因	岩浆热液	

续表 6-3-3

矿床成因	岩浆热液型锑矿床
成矿机制	燕山早期，草山岩体黑云母花岗岩及同源中基性岩脉侵位于早元古宙晚期老岭岩群大栗子岩组及临江岩组二云片岩、千枚岩、石英岩中，在岩浆热液及少部分地下水参与下，在弱碱性、还原环境，热液将岩体及地层中硫、锑等有用元素萃取、富集、迁移到青沟子复式背斜核部，并在扇形断裂有利空间沉淀充填成矿

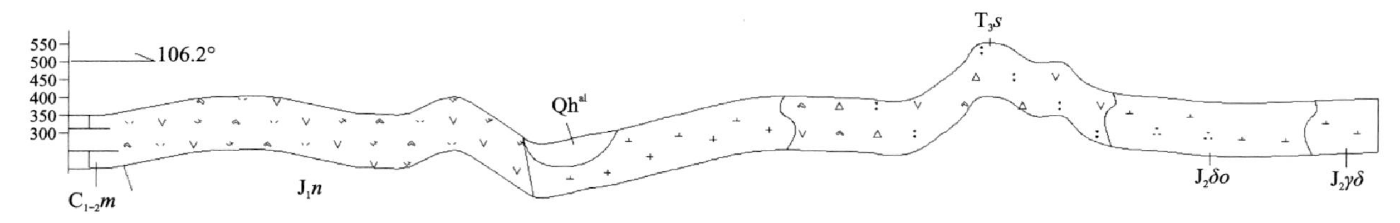

图 6-3-2　石咀-官马预测工作区成矿模式图

第七章　物探、化探、遥感、自然重砂应用

第一节　重　力

一、技术流程

根据预测工作区预测底图确定的范围，充分收集区域内 1∶20 万重力资料，以及以往的相关资料，在此基础上开展预测工作区 1∶5 万重力相关图件编制，之后开展相关的数据解释，以满足预测工作对重力资料的需求。

二、资料应用

应用 2008—2009 年 1∶100 万、1∶20 万重力资料及综合研究成果，充分收集应用预测工作区的密度参数、磁参数、电参数等物性资料。在预测工作区和典型矿床所在区域研究时，全部使用 1∶20 万重力资料。

三、数据处理

预测工作区编图全部使用全国矿产资源潜力评价项目办公室（简称全国项目办）下发的吉林省 1∶20万重力数据。重力数据已经按《区域重力调查技术规范（DZ/T 0082—2006）》进行“五统一”改算。

布格重力异常数据处理采用中国地质调查局发展研究中心提供的 RGIS2008 重磁电数据处理软件，绘制图件采用 MapGIS 软件，按全国矿产资源潜力评价《重力资料应用技术要求》执行。

剩余重力异常数据处理采用中国地质调查局发展研究中心提供的 RGIS2008 重磁电数据处理软件，求取滑动平均窗口为 14km×14km 剩余重力异常，绘制图件采用 MapGIS 软件。等值线绘制等项目与布格重力异常图相同。

四、地质推断解释

(一)荒沟山-南岔岩浆热液型锑矿预测工作区

在1∶5万布格重力异常图上,区内从西南部到东部,即南岔—临江—贾家营有一带状布格重力高异常分布,异常强度从西向东逐渐降低。南岔—临江段为北东东走向,南北两侧梯度带较陡,局部重力高异常特征明显,多为椭圆状,规模逐渐变小。在金矿床北东8km处出现布格重力异常最大值$-28\times10^{-5}m/s^2$;临江—贾家营段重力高异常呈东西走向,中间略低。此布格重力高异常带与老岭背斜基底隆起有关。重力高异常带的南部、北部为相对重力低异常带(区)。北部重力低局部异常区主要是侏罗系果松组、林子头组火山沉积盆地及梨树沟花岗岩体、草山花岗岩体、蚂蚁河花岗岩体的反映,两者分布范围大体一致。南部重力低异常区主要由印支期幸福山、头道沟花岗岩体及六道沟花岗岩体引起。重力高异常带南、北两侧梯度带为老岭岩群地层与青白口系沉积地层、印支期和燕山期侵入花岗岩体及侏罗系、白垩系火山沉积盆地的断层接触带的反映。

(二)石咀-官马岩浆热液型锑矿预测工作区

在1∶5万布格重力异常图上,主要分布有两条贯穿全区的北西向和东西向重力异常梯度带,东西向梯度带向西到明城与北西向梯度带相交并终止,分别与北西走向的盘双接触带及次一级断裂构造有关。北西向重力异常梯度带的北东侧毗邻分布有与其平行的重力高异常带,在官马附近被东西向重力梯度带截断;其南西侧石咀附近分布有一块状局部重力低异常,长、宽约12.4km,最低值为$-28\times10^{-5}m/s^2$。

局部重力高异常区(带)地表分布有寒武系黄莺屯组变粒岩与大理岩,石炭系鹿圈屯组砂岩夹灰岩、磨盘山组灰岩,下三叠统四合屯组安山岩、石嘴子组砂岩与页岩互层夹灰岩、寿山沟组砂岩夹灰岩,下侏罗统南楼山组中酸性火山熔岩及其碎屑岩。重力低异常区(带)主要为侏罗世花岗岩和新生代沉积地层分布区。

区内中部有官马镇火山热液型金矿、石嘴子铜矿、驿马火山热液型锑矿等,产于四合屯组和南楼山组火山岩中,在重力场上处于重力异常梯度带或局部重力高与重力低异常的过渡部位。

第二节　磁　测

一、技术流程

根据预测工作区预测底图确定的范围,充分收集区域内的1∶20万航磁资料以及以往的相关资料,在此基础上开展预测工作区1∶5万航磁相关图件编制,之后开展相关的数据解释,以满足预测工作对航磁资料的需求。

二、资料应用

应用收集了19份1∶10万、1∶5万、1∶2.5万航空磁测成果报告，以及1∶50万航磁图解释说明书等成果资料。根据国土资源航空物探遥感中心提供的吉林省2km×2km航磁网格数据和1957—1994年间航空磁测1∶100万、1∶20万、1∶10万、1∶5万、1∶2.5万共计20个测区的航磁剖面数据，充分收集应用预测工作区的密度参数、磁参数、电参数等物性资料。在预测工作区和典型矿床所在区域研究时，主要使用1∶5万资料，部分使用1∶10万、1∶20万航磁资料。

三、数据处理

预测工作区，编图全部使用全国项目组下发的数据，按航磁技术规范，采用RGIS2008和Surfer软件网格化功能完成数据处理。采用最小曲率法，网格化间距一般为1/2～1/4测线距，网格间距分别为150m×150m、250m×250m。然后应用RGIS软件位场数据转换处理，编制1∶5万航磁剖面平面图、航磁ΔT异常等值线平面图、航磁ΔT化极等值线平面图、航磁ΔT化极垂向一阶导数等值线平面图、航磁ΔT化极水平一阶导数(0°、45°、90°、135°方向)、航磁ΔT化极上延不同高度处理图件。

四、磁异常分析及磁法推断地质构造特征

1. 荒沟山-南岔岩浆热液型锑矿预测工作区

预测区西部，大青沟—三道湖—护林村—石人镇一线以西，为大面积平稳负值区，异常值为－100～－200nT。负磁场主要反映了中、新元古界白云质大理岩、砂岩、页岩、石英岩及古生界的碳酸盐岩、砂岩、页岩等无磁性地层的磁场特征。在其东部银子沟、大黑松沟、前进沟、陆桩子村一带，有一宽8～12km的正异常带，异常值一般为200～300nT，局部异常在700nT以上。与异常带对应的是太古宇变质岩及侏罗纪的侵入岩体。即梨树沟岩体、老秃顶子岩体，在航磁图上很醒目，尤其是老秃顶子岩体，因有脉岩侵入，异常更高。异常带东侧负异常梯度带反映了老岭岩群珍珠门岩组大理岩磁场与地质上确定的荒山"S"形构造带相对应，是区内一条重要的成矿构造带。

2. 石咀-官马岩浆热液型锑矿预测工作区

在预测区东南部，南小屯—永宁村—安乐乡—草明山屯一带，为局部强异常区，强度一般在400～500nT，对应岩性为中侏罗世花岗闪长岩体。在预测区中部，余富屯、小新开岭，以及双合村至驿马镇一带，为一条北东向6～8km的宽缓异常带，中部连续性差，强度一般为100～200nT，该异常带对应断续出露的中生代侵入岩体。在预测区内大面积负异常区，如北部、新立屯—明城镇、下鹿村—一清村，赤卫机器厂—杨木顶子一带，在测区南部蛤蟆塘村，西北屯至自由屯一带，均为平稳负磁场，分别对应下古生界、中生界沉积岩地层。

五、磁法推断地质构造特征

（一）荒沟山-南岔岩浆热液型锑矿预测工作区

1. 推断断裂

（1）F1 位于测区西部，北东向，沿小涛沟里、三道湖、护林村、小石人村一线梯度带延伸，长 21km，南端转为南北向。断裂东侧为中元古界老岭岩群，太古宙变质岩及侏罗纪侵入岩航磁为一条北东向的异常带。断裂西侧主要为侏罗系及白垩系，为航磁负异常区，断裂控制新老地层的分布。

（2）F3 位于测区南部，南北向，沿板子庙、浑江铅锌矿、杉松岗、周家窝林场、珍珠门、四棚湖、铁石沟一线延伸，南段转为东西向，长约 25km。断裂处于负磁场中，对应中元古界珍珠门岩组和花山组地层。该断裂为地质上确认的"S"形构造的一部分，处于铅锌等多金属成矿带上。

（3）F9 位于测区中部，北西西向，沿岗顶、大黑松沟、古石砬子一线延伸，长约 9.5km。断裂处在南北两正异常之间的低值带上，南侧为老秃顶子岩体，北侧为中太古界英云闪长质片麻岩及侏罗纪侵入岩。

（4）F6 位于测区东部，自东沟、小西沟、天桥沟、七十二道河子一线，呈北北东向沿梯度带延伸，长约 19km。断裂东侧为一异常带，西侧为负异常区。断裂北段处于花山组地层，南段在草山岩体。东侧的异常带为沿断裂产生的磁性蚀变带。如异吉 C-87-53，87-54，附近均有 Cu 化探异常，87-62-1 附近有磁黄铁矿点，是寻找多金属矿的有利地段。

区内推断断裂 42 条，北东向 19 条，东西向 6 条，北西向 16 条，南北向 1 条。

2. 岩浆岩

预测区处于鸭绿江构造岩浆岩带上，岩浆活动强烈，区内岩体有梨树沟、老秃顶子及草山岩体，梨树沟岩体和老秃顶子岩体岩航磁反映明显，异常醒目，而草山岩体异常不明显。在测区南部还有早白垩世碱长花岗岩岩体，航磁为负磁场。

本区岩体，如梨树沟、老秃顶子、草山岩体，与 Pb、Zn、Ag、Au 等多金属及贵金属成矿有密切关系，围绕岩体的周边，是寻找上述矿产的有利地带。

3. 变质岩地层

区内出露地层主要为老岭岩群花山组、达台山组和珍珠门岩组。荒沟山铅锌矿区主要赋存于珍珠门岩组，是一套白云质大理岩。老岭岩群主要处于航磁负磁场中，铅锌矿区处于负磁场梯度带上。

据地质资料，南岔金矿位于荒山沟—南岔"S"形断裂带南部，矿体赋存在花山组下部与珍珠门岩组白云质大理岩接触面的构造蚀变岩中，或珍珠门岩组厚层白云质大理岩破碎蚀变岩中。严格受北东向、北西向及东西向构造控制。金矿主要位于－100nT 的平稳负磁场中。

（二）石咀-官马岩浆热液型锑矿预测工作区

1. 推断断裂

（1）F8、F12 位于测区南部，北西向，自泉眼村、朱奇村至余庆屯一线，长约 20.5km。断裂南东段两侧磁场不同，南西侧强异常带出露侏罗纪花岗闪长岩，北东侧负磁场区为二叠系寿山沟组地层。北西段负磁场对应花岗闪长岩体。

(2)F6 位于测区西部,沿七间房一上鹿一线,北东向,长约 13km。断裂北侧为平稳负磁场,对应石炭系,南侧低缓正异常带,对应侏罗纪花岗闪长岩及部分石炭系。

(3)F4 位于测区北部,沿北东向串珠状异常分布,长约 11km。串珠状异常推断由侵入岩引起,断裂南东侧负磁场对上三叠统四合屯组火山碎屑岩。断裂南段有金矿分布。

区内推断断裂 13 条,其中北东向 5 条,北西向 3 条,东西向 4 条,南北向 1 条。

2. 岩浆岩

(1)侵入岩。区内侵入岩主要是中侏罗世花岗闪长岩($J_2\gamma\delta$),二长花岗岩($J_2\eta\delta$),石英闪长岩($J_2\delta o$)。出露于东南部余庆屯、永丰南屯、南小屯、杨木岗村、草明山屯一带,航磁为高磁异常带,中等强度异常带;东部双鸭子、二道甸子村、驿马一带,北西西向分布;北部官马镇一碱草村一带,北东向分布,磁场中等强度,异常呈带状或串珠状。

(2)火山岩。区内火山岩出现在北部黄河南、帚条村、官马村一带,异常多呈团块状或为孤立异常,强度高梯度陡。主要岩性呈下侏罗统南楼山组安山岩等。另一处在东部悬羊砬子、七五三、保安村一带,异常呈北东向条带状,中等强度。岩性为上三叠统四合屯组安山岩类。

3. 古生代地层

区内古生代地层主要是晚古生代石炭系、二叠系。石炭系出现在西部明城镇,七间房村、下鹿村、一清村一带,航磁为一片平稳负异常,与周围的侏罗纪侵入岩及侏罗系火山岩磁场有一定的差异。石炭系,特别是上石炭统石咀子组地层对本区金矿成矿起重要作用。

区内二叠系出现在南部蛤蟆塘村、西北屯、柳杨村一带。航磁为负异常,有局部正异常出现。

第三节 化 探

一、技术流程

由于该区域仅有 1∶20 万化探资料,所以用该数据进行数据处理,编制地区化学异常图,将图件再放大到 1∶5 万。

二、资料应用情况

应用 1∶20 万化探资料。

三、化探资料应用分析

本次研究的锑典型矿床以临江青沟子锑矿为代表,落位在荒沟山-南岔预测工作区内,与荒沟山金矿、铅锌矿共同构成工作区北部的成矿格局,是老岭成矿带上的又一主要成矿矿种。

应用1∶5万化探数据圈出锑元素异常17处。其中4号、12号、13号、15号异常具有清晰的三级分带和明显的浓集中心，异常强度高，达到40×10^{-6}，是克拉克值的65倍，是吉林省均值的89倍。

四、化探异常特征

4号锑元素分布在区内的四道小沟南，面积7km²。由于工作区范围而向东呈开放式状态。

12号锑异常具有两个浓集中心，位于青沟子村的浓集中心较大，是青沟子锑矿的具体体现。统计面积为77km²，条带状分布，北东向延伸。

13号锑异常具有4个浓集中心，以小西沟处的浓集中心最突出。统计面积为177km²，带状分布，北东向延伸。

15号锑异常具有两个较小的浓集中心，面积125km²，带状分布。由于缺少数据而向西、向北没有封闭。

具有清晰二级分带的异常是2号、3号、7号、9号异常。统计面积分别为6km²、29km²、16km²、6km²，近椭圆状或不规则状，均呈北东向延伸。其余异常只具有外带，面积小，分布零散，显示的异常信息弱。以锑为主的组合异常有两种表现形式：Sb－Au、Cu、Pb、Zn；Sb－As、Hg、Ag。围绕4号锑异常分布的元素只有Hg，显示简单的组合异常。

12号锑组合异常中，与锑空间套合紧密的元素有Au、Cu、Pb、Zn、As、Hg、Ag。其中Hg构成锑的内带，而Cu、Pb、Au、Zn、As、Ag主要构成锑的中带、外带。Cu、As以较大的异常规模存在，Hg的发育与构造活动频繁密切相关。这种组合异常特征显示出锑元素在迁移、富集过程中经历Au、Cu、Pb、Zn、As、Hg、Ag较强烈的叠加改造作用，并在北东向"S"形断裂构造及韧性剪切带的严格控制下，构成复杂元素组分富集的叠生地球化学场，并于其中成矿。

13号锑组合异常中，与锑空间套合紧密的元素有Au、Cu、Pb、Zn、As、Hg、Ag。其中As、Zn主要构成锑的内带，而构成锑的中带是Au、Cu、Pb、Zn、Ag，外带主要由As、Hg构成，而且As、Hg以较大的异常规模分布，具有复杂元素组分富集的特点。该组合异常中虽然没有锑矿分布，却分布有金矿、铅锌矿和铜钴矿，同样显示出在北东向的控矿构造中，有益元素经历多期次、复杂的成矿过程，亦是寻找锑矿的有利异常区。

15号锑组合异常显示的元素组分有Au、Ag、As、Hg。主要构成锑的中带、外带，而锑的内带以锑的独立异常存在。形成较复杂元素组分富集的叠生地球化学场。

2号、7号、9号锑组合异常元素组分有Cu、As或者Pb、Ag、Hg、Au，而且多呈局部伴生，显示简单元素组分富集的特点。

3号锑组合异常中，与锑套合紧密的有Au、Cu、Pb、Zn、As、Hg、Ag。形成较复杂元素组分富集的叠生地球化学场。锑的综合异常圈定11处，甲级1处(9号)，乙级4处(2号、3号、10号、11号)，丙级6处(1号、4号、5号、6号、7号、8号)。

9号甲级综合异常落位在小西沟—青沟子村，由12号锑组合异常构成，面积66km²，长条状，北东向展布。地质背景主要为与成矿关系密切的古元古界老岭岩群大栗子岩组千枚岩夹大理岩以及中生界火山岩建造，侵入岩以燕山期的二长花岗岩为主，发育北东向的控矿构造，具备优良的成矿地质条件和找矿前景。空间上与分布的锑矿积极响应，为矿致异常，是扩大找矿规模的主要靶区。

2号乙级综合异常落位在区内的四道小沟，由4号锑组合异常构成，面积6km²，近椭圆状。地质背景主要为古元古界老岭岩群珍珠门岩组的厚层大理岩及上三叠统流纹岩、安山岩建造，异常北侧分布有金矿产，具有较好的成矿条件和找矿前景，是寻找锑矿的重要靶区。

3号乙级综合异常落位在区内的大北岔，由3号锑组合异常构成，带状分布，北东向展布。地质背景主要为古元古界老岭岩群珍珠门岩组大理岩，临江岩组二云片岩夹长石石英岩，侵入岩主要为燕山期的二长花岗岩，北西向的断裂构造与北东向的韧性剪切带贯穿其中。具备优良的成矿条件及找矿前景，空间上与分布的金、铜矿产积极响应，具有矿致性，是重要的找矿靶区。

10号乙级综合异常落位在区内的大横路沟—衫松岗，由13号锑组合异常构成，面积166km²，长条状，北东向展布。地质背景主要为古元古界老岭岩群大栗子岩组千枚岩夹大理岩，珍珠门岩组厚层大理岩及中侏罗统果松组安山质火山角砾岩、安山岩。侵入岩主要为燕山晚期的闪长岩、石英闪长岩。发育北东向的断裂构造。具备优良的成矿地质条件和找矿前景，荒沟山金矿、大横路铜钴矿分布其中，使异常具有矿致性，是重要的找矿靶区。

11号乙级综合异常落位在区内的高丽沟—大南岔村，由15号组合异常构成，面积110km²，不规则形态，北东向展布。地质背景主要为大栗子岩组千枚岩夹大理岩，珍珠门岩组厚层大理岩及中侏罗统果松组安山质火山角砾岩、安山岩，上侏罗统林子头组凝灰岩、流纹岩。具备优良的成矿地质条件和找矿前景，有南岔金矿积极响应，是重要的找矿靶区。

五、锑矿地球化学找矿模式

(1)工作区具有亲石、碱土金属元素同生地球化学场性质，属于中低山森林景观区。

(2)主成矿元素锑具有清晰的三级分带和明显的浓集中心，异常强度很高，峰值达到40×10^{-6}，是直接找矿标志。

(3)锑组合异常组分复杂，形成复杂元素组分的叠生地球化学场，是成矿的主要场所。

(4)锑综合异常具备优良的成矿条件及找矿前景，空间上与分布的矿产积极响应，具有矿致性，是重要的找矿靶区。

(5)主要的找矿指示元素为Sb、Au、Cu、Pb、Zn、Ag、As、Hg。其中Sb、Au、Cu、Pb、Zn、Ag是近矿指示元素，As、Hg是远程找矿指示元素。

(6)成矿主要经历中—低温过程。

第四节　遥　感

一、技术流程

利用MapGIS将该幅*.Geotiff图像转换为*.msi格式图像，再通过投影变换，将其转换为1∶5万比例尺的*.msi图像。

利用1∶5万比例尺的*.msi图像作为基础图层，添加该区的地理信息及辅助信息，生成1∶5万遥感影像图。

利用Erdas imagine遥感图像处理软件将处理后的吉林省东部ETM遥感影像镶嵌图输出为*.Geotiff格式图像，再通过MapGIS软件将其转换为*.msi格式图像。

在MapGIS支持下，调入吉林省东部*.msi格式图像，在1∶25万精度的遥感矿产地质特征解译图基础上，对吉林省各矿产预测类型分布区进行空间精度为1∶5万的矿产地质特征与近矿找矿标志解译。

利用B1、B4、B5、B7四个波段对应的准归一化校正数据或无损失拉伸数据进行主成分分析，第四主成分存储于14通道中，对其分三级进行异常切割，一般情况一级异常Kσ取3.0，二级异常Kσ取2.5，三级异常Kσ取2.0，个别情况Kσ值略有变动，经过分级处理的三个级别的铁染异常分别存储于16、17、18通道中。

利用B1、B3、B4、B5四个波段对应的准归一化校正数据或无损失拉伸数据进行主成分分析，第四主成分存储于15通道中，对其分三级进行异常切割，一般情况一级异常Kσ取2.5，二级异常Kσ取2.0，三级异常Kσ取1.5，个别情况Kσ值略有变动，经过分级处理的三个级别的铁染异常分别存储于19、20、21通道中。

二、资料应用情况

（一）荒沟山-南岔岩浆热液型锑矿预测工作区

利用全国项目办提供的2002年9月17日接收的117/31景ETM数据，经计算机录入、融合、校正形成的遥感图象。利用全国项目办提供的吉林省1∶25万地理底图提取制图所需的地理部分。参考吉林省区域地质调查所编制的吉林省1∶25万地质图和吉林省区域地质志。

（二）石咀-官马岩浆热液型锑矿预测工作区

利用全国项目办提供的2001年9月21日接收的118/30景ETM数据，经计算机录入、融合、校正形成的遥感图象。利用全国项目办提供的吉林省1∶25万地理底图提取制图所需的地理部分。参考吉林省区域地质调查所编制的吉林省1∶25万地质图和吉林省区域地质志。

三、遥感地质特征

（一）荒沟山-南岔岩浆热液型锑矿预测工作区

1. 线要素解译

预测区内线要素分为遥感断层要素和遥感脆韧性变形构造带要素两种。

在遥感断层要素解译中按断裂的规模、切割深度、断裂对地质体的控制程度，结合已知的地质资料，依次划分为大型、中型和小型3类。

2. 大型断裂

本预测工作区内解译出1条大型断裂带，为集安-松江岩石圈断裂，以松江一带为界分西南和东北两段，西南段为台区Ⅲ、Ⅳ级构造单元分界线，在绿江村、杨木林子屯一带控制侏罗系地层堆积，断裂切割上三叠统、中上侏罗统及中生代侵入岩，使古老的太古宇变质岩系、震旦系与侏罗系地层呈压剪性断层接触。该断裂带附近的次级断裂是重要的金-多金属矿产的容矿构造。

3. 中型断裂

本幅内共解译出5条中型断裂(带)，分别为大路-仙人桥断裂带、大川-江源断裂带、果松-花山断裂带、头道-长白山断裂带和兴华-白头山断裂带。

大路-仙人桥断裂带：为一条北东-南西向较大型波状断裂带，切割太古宙-侏罗纪的地层及岩体，控制新元古界、中元古界和古生界的沉积，该断裂带与其他方向断裂交会部位为金-多金属矿产形成的有利部位。该断裂带沿吉林省荒沟山-南岔地区岩浆热液型锑矿预测工作区中部斜穿预测区。

大川-江源断裂带：北东向，由通化县向北东经白山至抚松后被第四纪玄武岩覆盖，向西南进入辽宁省，由数十余条近于平行的断裂构造组成，为一中段宽、两端窄的较大型断裂构造带，中部较宽部位是重要的铁矿成矿带，其边部及两端收敛部位为金-多金属矿产聚集区。该断裂带沿吉林省荒沟山-南岔地区岩浆热液型锑矿预测工作区北西侧斜穿预测区。

果松-花山断裂带：切割中、下元古界地层及侏罗纪火山岩，三道沟北，太古宙花岗片麻岩逆冲于元古宇珍珠门岩组大理岩之上。沿断裂带有小型铁矿、铅锌矿、金矿分布。该断裂带沿吉林省荒沟山-南岔地区岩浆热液型锑矿预测工作区北中南部呈北东向斜穿预测区。

兴华-白头山断裂带：近东西向通过预测区南部，断裂带西段切割地台区老基底岩系、古生代盖层及中生代地层。该断裂带又控制晚三叠世中酸性火山岩。沿断裂带侵入燕山期和印支期花岗岩。该带与北东向断裂交会处为重要的金、多金属成矿区。该断裂带沿吉林省荒沟山-南岔地区岩浆热液型锑矿预测工作区北中北部呈近东西向横穿预测区。

头道-长白山断裂带：该断裂带为太子河-浑江陷褶束和营口-宽甸台拱Ⅲ级构造单元的分界线，断裂切割元古宇、古生界及侏罗系，并切割海西期、燕山期侵入岩。断裂发生于古元古代，海西期和燕山期均有强烈活动，东段乃至喜马拉雅期仍继续活动。

4. 小型断裂

本预测区内的小型断裂比较发育，并且以北北西向和北西向为主，北东向次之，局部见近南北向和近东西向小型断裂，其中的北西向及北北西向小型断裂多为正断层，形成时间较晚，多错断其他方向的断裂构造，其他方向的小型断裂多为逆断层，形成时间明显早于北西向断裂。不同方向小型断裂的交会部位，是重要的金、多金属成矿区。

5. 脆韧性变形构造带

本预测区内的脆韧性变形构造带比较发育，共解译出 19 条，其中的 18 条为区域性规模脆韧性变形构造和 1 条节理劈理断裂密集带构造。区域性规模脆韧性变形构造组成一条较大规模的脆韧性变形构造带，南段与果松-华山断裂带重合，中段与大路-仙人桥断裂带重合，北段与兴华-白头山断裂带重合，为一条总体走向北东的“S”形变形带，该带与金、铁、铜、铅、锌矿产均有密切的关系。

6. 环要素解译

本预测区内的环形构造比较发育，共圈出 118 个环形构造。它们在空间分布上有明显的规律，主要分布在不同方向断裂交会部位。按其成因类型分为 4 类，其中与隐伏岩体有关的环形构造 104 个、中生代花岗岩类引起的环形构造 8 个、褶皱引起的环形构造 3 个和火山机构或通道引起的环形构造 3 个。区内的金矿点多分布于环形构造内部或边部。

7. 色要素解译

本预测区内共解译出色调异常 17 处，其中 6 处为绢云母化、硅化引起，11 处为侵入岩体内外接触带及残留顶盖引起，它们在遥感图象上均显示为浅色色调异常。从空间分布上看，区内的色调异常明显与断裂构造及环形构造有关，在北东向断裂带上及北东向断裂带与其他方向断裂交会部位以及环形构造集中区，色调异常呈不规则状分布。区内的铁、金-多金属矿床（点）在空间上与遥感色调异常有较密切的关系，多形成于遥感色调异常区。

8. 带要素解译

本预测共解译出 7 处遥感带要素，均由变质岩组成，其中 5 处为青白口系钓鱼台组、南芬组并层，分布于和龙断块内，该带与铁矿关系密切；一处为中元古界老岭岩群珍珠门岩组与花山组接触带附近，由白云质大理岩、透闪石化、硅化白云质大理岩、二云片岩夹大理岩组成，该带与铁、金-多金属矿的关系密切；另一处为中太古界英云闪长片麻岩。

9. 块要素解译

本预测内共解译出 8 处遥感块要素，其中 2 处为区域压扭应力形成的构造透镜体，形成于老岭造山带中，6 处为小规模块体所受应力形成的菱形块体，它们全呈北东向展布。其中一处分布于大川-江源断裂带内，另一处分布于老岭造山带中。

（二）石咀-官马岩浆热液型锑矿预测工作区

1. 线要素解译

图幅内线要素分为遥感断层要素和遥感脆韧性变形构造带要素。

在遥感断层要素解译中按断裂的规模、切割深度、断裂对地质体的控制程度，结合已知的地质资料，依次划分为中型和小型 2 类。

2. 中型断裂

本预测工作区内解译出 3 条中型断裂（带），分别为柳河-吉林断裂带、伊通-辉南断裂带、双阳-长白断裂带。

柳河-吉林断裂带：呈北北东向和北东向。该断裂切割了两个Ⅰ级构造单元，切割不同时代地质体，该带及其附近矿产较为丰富，有钼、钨、铜、金、铁和多金属矿等，该带形成于侏罗世以前，但不早于晚古生代末，中生代活动较为强烈，新生代仍有活动。

伊通-辉南断裂带：呈北西向。断裂切割早古生界及海西晚期、燕山早期花岗岩，沿断裂有花岗斑岩、流纹斑岩等次火山岩侵入和石英脉填充，老母猪山-团山子基性岩体群沿断裂走向展布。

双阳-长白断裂带：呈北西向。双阳盆地、烟筒山西的晚三叠世盆地，明城东的中侏罗世盆地和石咀东的中侏罗世盆地等沿断裂带分布，北段西南侧七顶子-磐石一带燕山早期的花岗岩体和基性岩体群，中段石咀红旗岭、黑石一带众多的燕山早期花岗岩小岩株和海西期基性-超基性岩体群均沿此断裂带呈北西向展布。

3. 小型断裂

本预测工作区内的小型断裂比较发育，预测区内的小型断裂以北东向和北西向为主，北北东向、北东东向和东西向次之，局部见北北东向、北北西向和近南北向小型断裂，北西向断裂多表现为张性特征，其他方向断裂多表现为压性特征。区内的金-多金属矿床（点）多分布于不同方向小型断裂的交会部位。

4. 环要素解译

本预测工作区内的环形构造比较发育，共圈出 8 个环形构造。它们主要集中于不同方向断裂交会部位。按其成因类型分为 1 类，即中生代花岗岩类引起的环形构造。它形成的环形构造与铁、金、多金属矿床（点）的关系均较密切。

5. 色要素解译

本预测工作区内共解译出色调异常5处，全部由绢云母化、硅化引起，它们在遥感图象上均显示为浅色色调异常。从空间分布上看，区内的色调异常明显与断裂构造及环形构造有关，在不同方向断裂交会部位以及环形构造集中区，色调异常呈不规则状分布。

四、遥感异常提取

(一)荒沟山-南岔岩浆热液型锑矿预测工作区

荒沟山-南岔岩浆热液改造型锑矿预测工作区东部遥感浅色色调异常区，羟基异常集中分布，与矿化有关。

预测区北部大川-江源断裂带和与隐伏矿体有关的环形构造交会处，羟基异常比较集中。

预测区东北部集安-松江岩石圈断裂附近铁染异常集中分布。预测区东部遥感浅色色调异常区，铁染异常集中分布，与矿化有关。预测区北部大川-江源断裂带和与隐伏矿体有关的环形构造交会处，铁染异常比较集中。

(二)石咀-官马岩浆热液型锑矿预测工作区

吉林省石咀-官马岩浆热液型锑矿预测工作区未提取出羟基异常。柳河-吉林断裂带与双阳-长白断裂带交会处有羟基异常零星分布。交会处东部有少量羟基异常集中分布。

预测区浅色色调异常区内，铁染异常相对集中，与矿化有关。石嘴镇环形构造与柳河-吉林断裂带交会处，铁染异常集中分布，与成矿关系密切。

第五节 自然重砂

一、技术流程

按照自然重砂基本工作流程，在矿物选取和重砂数据准备完善的前提下，根据《重砂资料应用技术要求》，应用本省1∶20万重砂数据制作吉林省自然重砂工作程度图、自然重砂采样点位图，以选定的20种自然重砂矿物为对象，制作对应的重砂矿物分级图、有无图、等量线图、八卦图，并在这些基础图件的基础上，结合汇水盆地圈定自然重砂异常图、自然重砂组合异常图，进行异常信息的处理。

预测工作区重砂异常图的制作仍然以吉林省1∶20万重砂数据为基础数据源，以预测工作区为单位制作图框，截取1∶20万重砂数据制作单矿物含量分级图，在单矿物含量分级图的基础上，依据单矿物的异常下限绘制预测工作区重砂异常图。

预测工作区矿物组合异常图是在预测工作区单矿物异常图的基础上，以预测工作区内存在的典型矿床或矿点所涉及到的重砂矿物选择矿物组合，将工作区单矿物异常空间套合较好的部分，以人工方法进行圈定，制作预测工作区矿物组合异常图。

二、资料应用情况

预测工作区自然重砂基础数据，主要源于全国 1∶20 万的自然重砂数据库。本次工作对吉林省1∶20万自然重砂数据库的重砂矿物数据进行了核实、检查、修正、补充和完善，重点针对参与重砂异常计算的字段值，包括重砂总质量、缩分后质量、磁性部分质量、电磁性部分质量、重部分质量、轻部分质量、矿物鉴定结果进行核实检查，并根据实际资料进行修整和补充完善。数据评定结果质量优良，数据可靠。

三、自然重砂异常及特征分析

预测工作区内中出现的重砂矿物主要为辰砂，表明锑矿成矿主要是在中低温热液状态下富集。石咀-官马预测工作区内辰砂矿物含量分级较好，各条水系中都有辰砂异常分布；Sb 的化探异常覆盖整个石咀-官马预测工作区，异常内带、中带强度高、规模大。由 1∶20 万重砂资料圈出的 25 号甲级综合异常，面积近 $95km^2$，重砂矿物组成复杂，可为扩大矿区规模提供依据。而分布在石咀-官马预测工作区西北侧的 17 号、23 号综合异常靶区亦将为该区铜矿、锑矿的类比预测提供帮助。

第八章　矿产预测

第一节　矿产预测方法类型及预测模型区选择

预测工作区内锑矿的成因类型为岩浆热液型，选择的预测方法类型为侵入岩体型。

荒沟山-南岔预测工作区和石咀-官马预测工作区编图重点为古元古界临江岩组和大栗子岩组含锑建造，并叠加化探异常，突出矿化标志。

模型区选择临江市青沟子锑矿和磐石市驿马(三合屯)锑矿所在的最小预测区。

第二节　矿产预测模型与预测要素图编制

一、典型矿床预测模型

吉林省荒沟山-南岔预测工作区的典型矿床为临江市青沟子锑矿，其预测模型见表 8-2-1。

表 8-2-1　临江市青沟子锑矿床预测模型表

<table>
<tr><th colspan="2">预测要素</th><th>内容描述</th><th>类别</th></tr>
<tr><td rowspan="4">地质环境</td><td>岩石类型</td><td>二云片岩、石英岩、花岗岩</td><td>必要</td></tr>
<tr><td>成矿时代</td><td>燕山早期</td><td>必要</td></tr>
<tr><td>成矿环境</td><td>开阔的等厚褶皱转折端发育有扇形断层部位，叠加有北东向、东西向断裂的部位</td><td>必要</td></tr>
<tr><td>构造背景</td><td>前南华纪华北东部陆块(Ⅱ)，胶辽吉元古代裂谷带(Ⅲ)，老岭坳陷盆地内</td><td>重要</td></tr>
<tr><td>矿床特征</td><td>控矿条件</td><td>构造控矿：矿体主要受北东、北北东、北西、近南北和近东西向断裂构造控制，断裂切割背斜核部，在其背斜顶部成矿较好，易形成工业矿体。北东向深大断裂是导矿构造，次级构造为储矿构造。
地层控矿：主要矿体赋存在临江岩组、大栗子岩组泥质碎屑岩的中浅变质岩系的云母片岩、石英岩、千枚岩中，这些岩石有利于断层破碎带和节理裂隙的形成；在空间上、时间上、成因上与印支期草山单元黑云母花岗岩期后热液活动有着极为密切的联系</td><td>必要</td></tr>
</table>

续表 8-2-1

预测要素		内容描述	类别
矿床特征	蚀变特征	矿床围岩蚀变种类主要为硅化、绢云母化、碳酸盐化、绿泥石化、黄铁矿化、毒砂化和辉锑矿化。矿体上盘比矿体下盘蚀变强，蚀变种类以硅化、碳酸盐化、黄铁矿化、毒砂化为主，绿泥石化、电气石化、辉锑矿化较弱；蚀变特征以裂隙、微裂隙充填为主；蚀变规模，矿体上盘宽十几米，矿体下盘几米；蚀变分带不明显。从坑道矿脉带中观察，硅化与锑矿相伴产出，硅化较强的部位矿化好，硅化弱则矿化差，无硅化基本无矿	重要
	矿化特征	矿床主矿脉带6条，赋存10条工业矿体。矿脉严格受断裂构造控制，从Ⅰ、Ⅲ矿组各中段看，矿脉带产状亦有明显的变化，反映了多期构造复合叠加、继承的特点。矿体在矿脉中连续性差，呈尖灭再现和尖灭侧现分布。单个矿体以脉状、薄层状为主，其次为扁豆状、透镜状和不规则状。锑矿体近矿围岩主要为绢云片岩、碳质绢云片岩、石英岩、电气石变粒岩、含红柱石碳质黑云变粒岩等，矿体与围岩间界线清楚，近矿围岩具有不同程度的矿化和蚀变。围岩蚀变种类主要有硅化、碳酸盐化、绿泥石化、黄铁矿化、毒砂化等	重要
综合信息	地球化学	工作区具有亲石、碱土金属元素同生地球化学场性质，属于中低山森林景观区。主成矿元素Sb具有清晰的三级分带和明显的浓集中心，异常强度很高，峰值达到40×10^{-6}，是直接找矿标志。锑组合异常组分复杂，形成复杂元素组分的叠生地球化学场，是成矿的主要场所。锑综合异常具备优良的成矿条件及找矿前景，空间上与分布的矿产积极响应，具有矿致性，是重要的找矿靶区。主要的找矿指示元素为Sb、Au、Cu、Pb、Zn、Ag、As、Hg，其中Sb、Au、Cu、Pb、Zn、Ag是近矿指示元素，As、Hg是远程找矿指示元素	重要
	地球物理	在布格重力异常图上，青沟子锑矿床位于重力低局部异常的东侧梯度带边缘，其外围重力高异常环绕。重力低异常近椭圆状，东西走向，长14.7km，宽8.4km，最低值为$-55\times10^{-5}m/s^2$，边部梯度陡，为草山花岗岩体引起。东侧锑矿床处重力高异常平，向南北两侧场值逐渐升高，形成半环形异常带，为老岭岩群花山组、临江岩组、大栗子岩组地层引起。 在1∶5万航磁异常图上，岩体与老岭岩群地层接触带异常为正异常。锑矿床处于接触带东部靠近正异常区的东部负异常区一侧南北向线性梯度带局部向东凸起部位，为一处强度较弱的相对高磁异常，最大值为－10nT，应为蚀变带磁异常。其北东侧分布有较低负异常。锑矿床位于南北向梯度带与北西向梯度带、场区分界线的交会处，反映出矿床的形成受构造控制的特点	重要
	重砂	预测工作区内出现的重砂矿物主要为辰砂，表明锑矿成矿主要是在中低温热液状态下富集	重要
	遥感	位于北东向果松-花山断裂带中间，各方向小型断裂较发育，北东向脆韧性变形构造带密集分布，中生代花岗岩类引起的复合环形构造边部为遥感浅色色调异常区，矿区西北部为中元古界老岭岩群形成的带要素，遥感羟基异常和铁染异常集中分布	次要
找矿标志		北东向陡倾斜断裂及旁侧次级断裂构造是区域找矿标志；褶皱构造加上断裂构造是寻找锑矿体的构造标志；临江岩组、大栗子岩组碳质绢云片岩、千枚岩、石英岩等为锑矿床的地层岩性标志；断裂带硅化、黄铁矿化、毒砂化等是找矿蚀变标志；锑、金、砷分散流、次生晕是地球化学找矿标志；低电阻率、高充电率是寻找块状锑矿体的物探标志；砷锑重砂、水系异常是寻找锑矿的地球化学标志	重要

续表 8-2-1

预测要素		内容描述	类别
预测模式		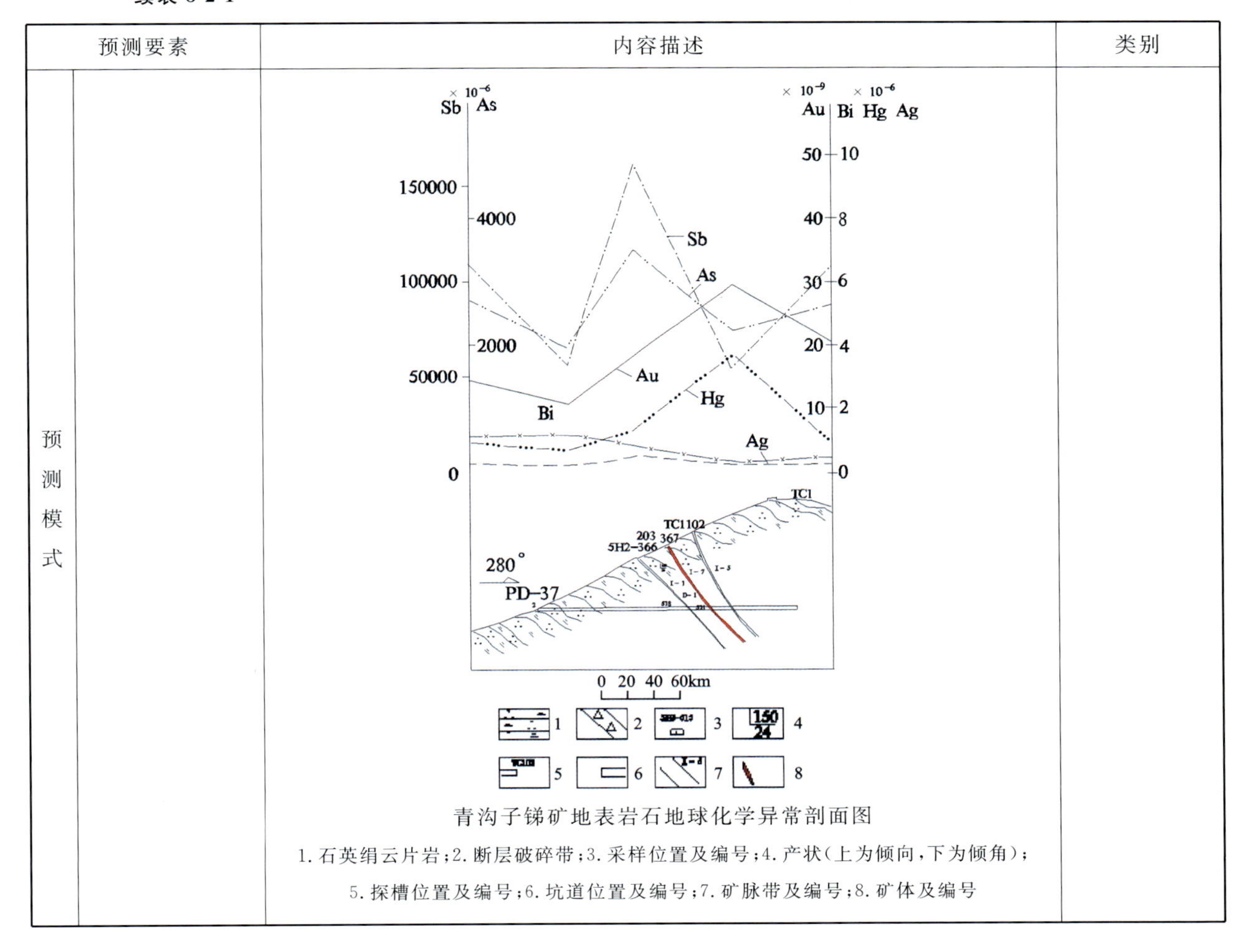 青沟子锑矿地表岩石地球化学异常剖面图 1.石英绢云片岩;2.断层破碎带;3.采样位置及编号;4.产状(上为倾向,下为倾角);5.探槽位置及编号;6.坑道位置及编号;7.矿脉带及编号;8.矿体及编号	

二、模型区深部及外围资源潜力预测分析

1.典型矿床已查明资源储量及其估算参数

吉林省荒沟山-南岔预测工作区内的典型矿床为青沟子锑矿,查明资源储量见表 8-2-2。

(1)查明资源储量:青沟子锑矿典型矿床所在区,以往工程控制实际查明的并且已经在储量登记表中上表的全部资源储量为 19 428t。

(2)面积:青沟子典型矿床所在区域经 1∶1 万地质填图确定的勘探评价区,并经山地工程验证的矿体、矿带聚集区段边界范围为 3 282 277.5m^2。

(3)垂深:青沟子典型矿床勘探控制矿体的最大垂深为 505m。

(4)品位、体重:青沟子矿区矿石平均品位为 7.22%,体重为 3.13t/m^3。

(5)体含矿率:体含矿率=查明资源量/(面积×垂深),计算得出青沟子锑矿床体含矿率为0.000 011 720 9t/m^3。

表 8-2-2 荒沟山-南岔预测工作区典型矿床查明资源储量表

勘查预测靶区编号	名称	查明资源储量/t		面积/m^2	垂深/m	品位/%	体重/($t \cdot m^{-3}$)	体含矿率/($t \cdot m^{-3}$)
		矿石量	金属量					
A2213201001001	青沟子锑矿	269 000	19 428	3 282 277.5	505	7.22	3.13	0.000 011 720 9

2. 典型矿床深部及外围预测资源量及其估算参数

吉林省荒沟山-南岔预测工作区青沟子锑矿床深部资源量预测见表 8-2-3，矿体垂深 505m，该含矿层位在区域上的产状、走向、延伸等均比较稳定，推断该套含矿层位在 1000m 深度仍然存在，所以本次对该矿床的深部预测垂深选择 1000m。矿床深部预测实际深度为 495m。面积仍采用原矿床含矿的最大面积预测其深部资源量。应用公式：预测资源量＝面积×延深×体积含矿率。

表 8-2-3 荒沟山-南岔预测工作区典型矿床深部预测资源量表

勘查预测靶区编号	名称	预测资源储量/t	面积/m^2	预测深度/m	体含矿率/($t \cdot m^{-3}$)
A2213201001001	青沟子锑矿	19 043.287 13	3 282 277.5	495	0.000 011 720 9

3. 模型区预测资源量及估算参数确定

模型区青沟子锑矿典型矿床所在的 HNA-1 为最小预测区。

(1)模型区预测资源量：青沟子锑矿典型矿床探明的和典型矿床深部预测资源量的总资源量，即查明资源量和深部资源量的总和。

(2)面积：青沟子锑矿典型矿床含矿建造临江岩组和大栗子岩组的出露面积叠加化学异常，加以人工修正后的最小预测区面积。

(3)延深：模型区内典型矿床的总延深，即最大预测深度。区域上该套含矿层位的最大勘探深度在 500m 左右，该套含矿层位延深仍然比较稳定，所以模型区的预测深度选择 1000m，沿用青沟子典型矿床的最大预测深度。

(4)含矿地质体面积参数：含矿地质体面积/模型区面积，当含矿地质体面积＝模型区面积，其为 1；当含矿地质体面积小于模型区面积，其小于 1。青沟子典型矿床所在的最小预测区内出露的即为含矿建造面积，所以含矿地质体面积参数为 1(表 8-2-4)。

表 8-2-4 沟山-南岔预测工作区模型区含矿地质体面积参数表

最小预测区编号	名称	模型区面积/m^2	预测深度/m	含矿地质体面积/m^2	含矿地质体面积参数
A2213201003	HNA－1	12 625 814	1000	12 625 814	1

三、预测工作区预测模型

荒沟山-南岔预测工作区成矿要素见表 8-2-5，石咀-官马预测工作区成矿要素见表 8-2-6、预测分布见图 8-2-1。

表 8-2-5　荒沟山-南岔预测工作区成矿要素表

成矿要素		内容描述	类别
特征描述		岩浆期后中低温热液充填型锑矿床	
岩石类型		二云片岩、石英岩、花岗岩	必要
成矿时代		燕山早期	必要
成矿环境		前南华纪华北东部陆块(Ⅱ),胶辽吉元古代裂谷带(Ⅲ),老岭坳陷盆地(Ⅳ)	必要
构造背景		开阔的等厚褶皱转折端发育有扇形断层部位,叠加有北东向、东西向断裂的部位	重要
控矿条件		构造控矿:矿体主要受北东、北北东、北西、近南北和近东西向断裂构造控制,断裂切割背斜核部,在其背斜顶部成矿较好,易形成工业矿体。北东向深大断裂是导矿构造,次级构造为储矿构造。 地层控矿:主要矿体赋存在临江岩组、大栗子岩组泥质碎屑岩的中浅变质岩系的云母片岩、石英岩、千枚岩中,这些岩石有利于断层破碎带和节理裂隙的形成;在空间上、时间上、成因上与印支期草山单元黑云母花岗岩期后热液活动有着极为密切的联系	必要
找矿标志		北东向陡倾斜断裂及旁侧次级断裂构造是区域找矿标志;褶皱构造加上断裂构造是寻找锑矿体的构造标志;临江岩组、大栗子岩组碳质绢云片岩、千枚岩、石英岩等为锑矿床的地层岩性标志;断裂带硅化、黄铁矿化、毒砂化等是找矿蚀变标志;锑、金、砷分散流、次生晕是地球化学找矿标志;低电阻率、高充电率是寻找块状锑矿体物探标志;砷锑重砂、水系异常	重要
综合信息	地球化学	工作区具有亲石、碱土金属元素同生地球化学场性质,属于中低山森林景观区。主成矿元素 Sb 具有清晰的三级分带和明显的浓集中心,异常强度很高,峰值达到 40×10^{-6},是直接找矿标志。锑组合异常组分复杂,形成复杂元素组分的叠生地球化学场,是成矿的主要场所。锑综合异常具备优良的成矿条件及找矿前景,空间上与分布的矿产积极响应,具有矿致性,是重要的找矿靶区。主要的找矿指示元素为 Sb、Au、Cu、Pb、Zn、Ag、As、Hg,其中 Sb、Au、Cu、Pb、Zn、Ag 是近矿指示元素,As、Hg 是远程找矿指示元素	重要
	地球物理	在布格重力异常图上,青沟子锑矿床位于重力低局部异常的东侧梯度带边缘,其外围重力高异常环绕。重力低异常近椭圆状,东西走向,长 14.7km,宽 8.4km,最低值为 $-55\times10^{-5}m/s^2$,边部梯度陡,为草山花岗岩体引起。东侧锑矿床处重力高异常平缓,向南北两侧场值逐渐升高,形成半环形异常带,为老岭岩群花山组、临江岩组、大栗子岩组地层引起。在 1∶5 万航磁异常图上,岩体与老岭岩群地层接触带异常为正异常。锑矿床处于接触带东部靠近正异常区的东部负异常区一侧南北向线性梯度带局部向东凸起部位,为一处强度较弱的相对高磁异常,最大值为 -10nT,应为蚀变带磁异常。其北东侧分布有较低负异常。锑矿床位于南北向梯度带与北西向梯度带、场区分界线的交会处,反映出矿床的形成受构造控制的特点。	重要
	重砂	预测工作区内出现的重砂矿物主要为辰砂,表明锑矿主要是在中低温热液状态下富集	重要
	遥感	位于北东向果松—花山断裂带中间,各方向小型断裂较发育,北东向脆韧性变形构造带密集分布,中生代花岗岩类引起的复合环形构造边部为遥感浅色色调异常区,矿区西北部为中元古界老岭岩群形成的带要素,遥感羟基异常和铁染异常集中分布。	次要

续表 8-2-5

成矿要素	内容描述	类别
特征描述	岩浆期后中低温热液充填型锑矿床	
预测模式	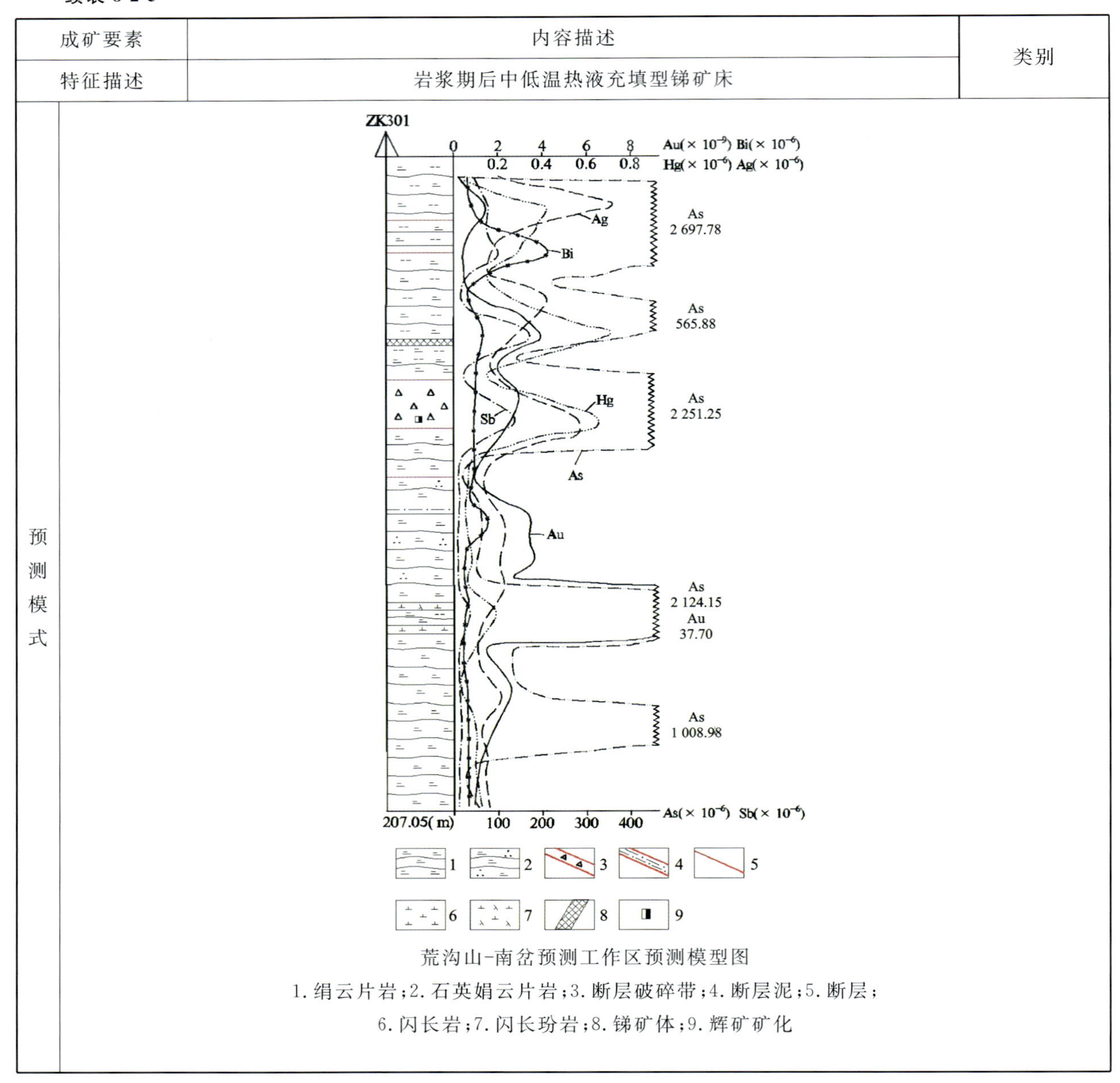	

荒沟山-南岔预测工作区预测模型图

1.绢云片岩;2.石英娟云片岩;3.断层破碎带;4.断层泥;5.断层;
6.闪长岩;7.闪长玢岩;8.锑矿体;9.辉矿矿化

表 8-2-6　石咀-官马预测工作区成矿要素表

成矿要素	内容描述	类别
特征描述	岩浆热液型锑矿床	
岩石类型	石英闪长岩、石英正长岩岩、花岗岩	必要
成矿时代	燕山早期	必要
成矿环境	二级构造岩浆带属于小兴安岭-张广才岭构造岩浆带西缘的磐石-双阳构造岩浆带(Ⅳ级)	必要

续表 8-2-6

成矿要素		内容描述	类别
特征描述		岩浆热液型锑矿床	
控矿条件		构造控矿:矿体主要受北东、北北东、北西、近南北和近东西向断裂构造控制,断裂切割背斜核部,在其背斜顶部成矿较好,易形成工业矿体。北东向深大断裂是导矿构造,次级构造为储矿构造。 地层控矿:主要矿体赋存在临江岩组、大栗子岩组泥质碎屑岩的中浅变质岩系的云母片岩、石英岩、千枚岩中,这些岩石有利于断层破碎带和节理裂隙的形成;在空间上、时间上、成因上与印支期草山单元黑云母花岗岩期后热液活动有着极为密切的联系	必要
找矿标志		近矿围岩蚀变为硅化、碳酸盐化,伴有绿帘石化、滑石化、绢云母化。形成褪色蚀变带,宽 0.5～10m;锑、金、砷分散流、次生晕是地球化学找矿标志;低电阻率、高充电率是寻找块状锑矿体物探标志;砷锑重砂、水系异常	重要
综合信息	地球化学	工作区具有亲石、碱土金属元素同生地球化学场性质,属于中低山森林景观区。主成矿元素 Sb 具有清晰的三级分带和明显的浓集中心,异常强度很高,峰值达到 40×10^{-6},是直接找矿标志。锑组合异常组分复杂,形成复杂元素组分的叠生地球化学场,是成矿的主要场所。锑综合异常具备优良的成矿条件及找矿前景,空间上与分布的矿产积极响应,具有矿致性,是重要的找矿靶区。主要的找矿指示元素为 Sb、Au、Cu、Pb、Zn、Ag、As、Hg,其中 Sb、Au、Cu、Pb、Zn、Ag 是近矿指示元素,As、Hg 是远程找矿指示元素	重要
	地球物理	在 1∶5 万布格重力异常图上,主要分布有两条贯穿全区的北西向和东西向重力异常梯度带,东西向梯度带向西到明城与北西向梯度带相交并终止,分别与北西走向的盘双接触带及次一级断裂构造有关。北西向重力异常梯度带毗邻的北东侧分布有与其平行的重力高异常带,在官马附近被东西向重力梯度带截断;其南西侧石咀附近分布有一块状局部重力低异常,长、宽约 12.4km,最低值为 $-28\times10^{-5}m/s^2$。 局部重力高异常区(带)地表分布有寒武系黄莺屯组变粒与大理岩,石炭系鹿圈屯组砂岩夹灰岩、磨盘山组灰岩,下三叠统四合屯组安山岩、石嘴子组砂岩与页岩互层夹灰岩,寿山沟组砂岩夹灰岩,下侏罗统南楼山组中酸性火山熔岩及其碎屑岩。重力低异常区(带)主要为侏罗纪花岗岩和新生代沉积地层分布区。 区内中部有官马镇火山热液型金矿、石嘴子铜矿、驿马火山热液型锑矿等,产于四合屯组和南楼山组火山岩中,在重力场上处于重力异常梯度带或局部重力高与重力低异常的过渡部位	重要
	重砂	预测工作区内出现的重砂矿物主要为辰砂,表明锑矿主要是在中低温热液状态下富集。石咀-官马预测工作区内辰砂矿物含量分级较好,各条水系中都有辰砂异常分布;Sb 的化探异常覆盖整个石咀-官马预测工作区,异常内带、中带强度高、规模大。由 1∶20 万重砂资料圈出的 25 号甲级综合异常,面积近 $95km^2$,重砂矿物组成复杂,可为扩大矿区规模提供依据。而分布在石咀-官马预测工作区西北侧的 17 号、23 号综合异常靶区亦将为该区铜矿、锑矿的类比预测提供帮助	重要
	遥感	吉林省石咀-官马岩浆热液型锑矿预测工作区未提取出羟基异常。柳河-吉林断裂带与双阳-长白断裂带交会处有羟基异常零星分布。预测区浅色色调异常区内,铁染异常相对集中,与矿化有关。石嘴镇环形构造与柳河-吉林断裂带交会处,铁染异常集中分布,与成矿关系密切。	次要

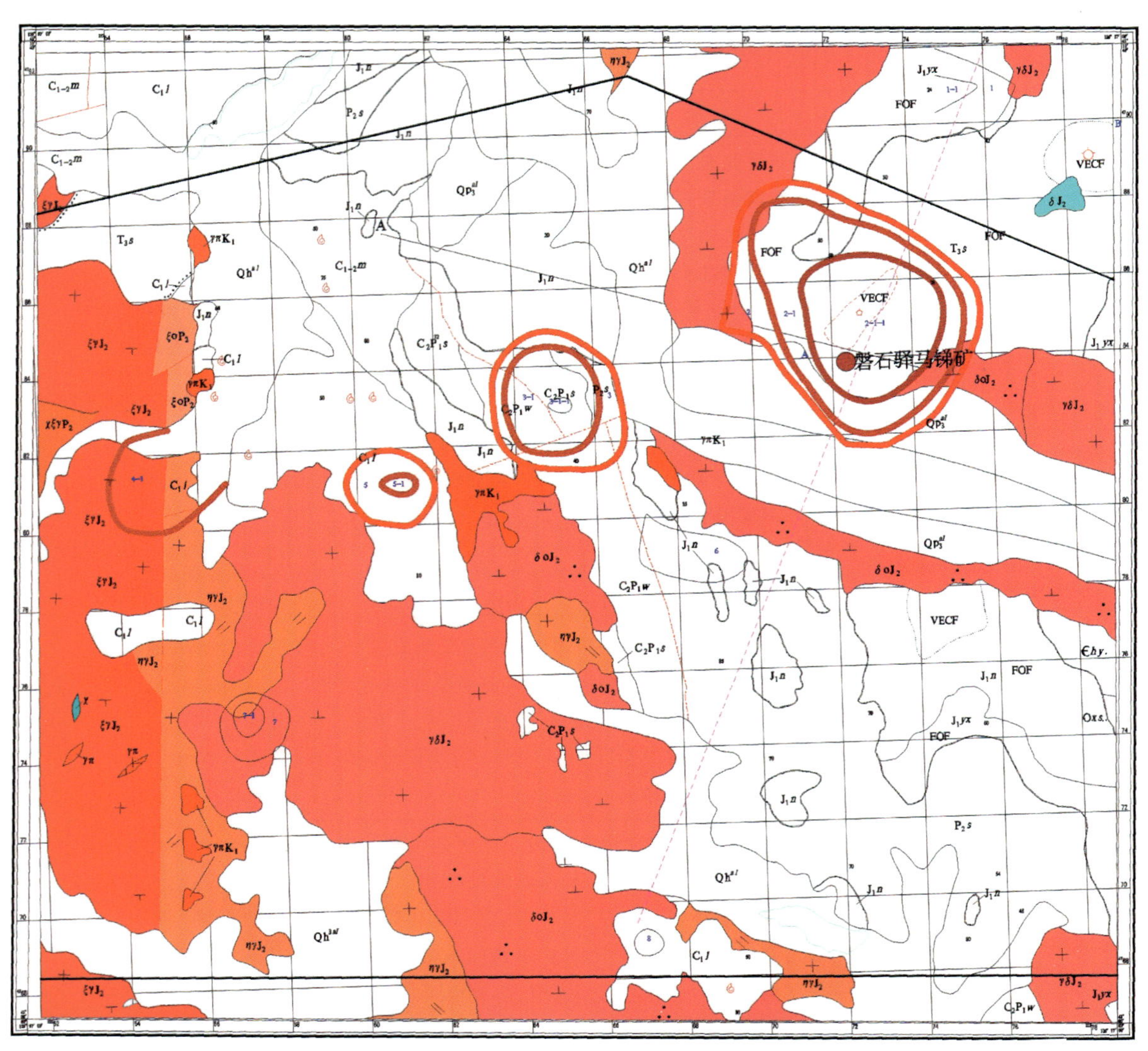

图 8-2-1　石咀-官马预测工作区预测分布图

注:红色粗线为化探异常曲线

四、预测要素图编制及解释

预测底图编制方法是在 1∶5 万成矿要素图的基础上,细化找矿标志,形成预测要素图。

第三节　预测区圈定

一、预测区圈定方法及原则

预测区的圈定采用综合信息地质法,圈定原则为与预测工作区内的模型区类比,具有相同的含矿建造，则圈定为初步预测区，最后专家对初步确定的最小预测区进行确认。

二、圈定预测区操作细则

在突出表达含矿建造、矿化蚀变标志的1∶5万成矿要素图基础上，以含矿建造为主要预测要素和定位变量，最后由地质专家确认修改，形成最小预测区。

第四节 资源量定量估算

1.模型区含矿系数确定

荒沟山—南岔预测工作区模型区HNA-1的含矿地质体含矿系数确定公式为：含矿地质体含矿系数=模型区资源总量/含矿地质体总体积。计算得出模型区的含矿地质体含矿系数为0.000 003 047 0（表8-4-1）。

表8-4-1 荒沟山-南岔预测工作区模型区含矿地质体含矿系数表

最小预测区编号	名称	含矿地质体含矿系数	含矿地质体总体积/m^3
A2213201003	HNA-1	0.000 003 047 0	12 625 814 000

2.最小预测区预测资源量及估算参数

估算方法，应用含矿地质体预测资源量公式：

$$Z_{体}=S_{体}\times H_{预}\times K\times \alpha$$

式中，$Z_{体}$为模型区中含矿地质体预测资源量（t）；$S_{体}$为含矿地质体面积（m^2）；$H_{体}$为含矿地质体延深（指矿化范围的最大延深）（m）；K为模型区含矿地质体含矿系数；α为相似系数。

荒沟山-南岔预测工作区最小预测区预测资源量估算见表8-4-2。

表8-4-2 荒沟山-南岔预测工作区最小预测区预测资源量估算表

最小预测区编号	最小预测区名称	面积/m^2	延深/m	模型区含矿地质体含矿系数	相似系数
B2213201004	HNB—1	6 373 376.00	1000	0.000 003 047 0	0.6
B2213201005	HNB—2	2 434 360.25	1000	0.000 003 047 0	0.6
B2213201006	HNB—3	3 906 640.25	1000	0.000 003 047 0	0.6
B2213201007	HNB—4	3 552 617.25	1000	0.000 003 047 0	0.6

石咀-官马预测工作区最小预测区预测资源量估算见表8-4-3。

表8-4-3 石咀-官马预测工作区最小预测区预测资源量估算表

最小预测区编号	最小预测区名称	面积/m^2	延深/m	模型区含矿地质体含矿系数	相似系数
A2213201001	SGA—1	10 376 534.00	1000	0.000 003 047 0	0.6
B2213201002	SGB—1	5 401 880.50	1000	0.000 003 047 0	0.4

3. 最小预测区资源量可信度估计

荒沟山-南岔预测工作区预测资源量可信度见表 8-4-4，石咀-官马预测工作区预测资源量可信度见表 8-4-5。

(1)荒沟山-南岔预测工作区。①面积可信度。最小预测区存在古元古代含矿建造，与已知模型区比较，含矿建造相同，同时存在 1∶5 万化探异常，并且最小预测区的圈定是在古元古代含矿建造出露区上叠加 1∶5 万化探异常内带的最小区域，最小预测区面积可信度确定为0.8。②延深可信度。根据已知模型区的最大勘探深度，同时结合区域上含矿建造的勘探深度确定的预测深度，确定的延深可信度为 0.8。③含矿系数可信度。对矿床深部外围资源量了解比较清楚，与模型区处于相同的构造环境下，含矿建造相同、化探异常相同。有已知矿床的最小预测区，含矿系数可信度为 0.8，与模型区含矿建造相同，1∶5 万化探异常特征相同；没有已知矿点或矿化点的最小预测区，含矿系数可信度为 0.5。

(2)石咀-官马预测工作区。①面积可信度。根据最小预测区内含矿建造一构造的产状，同时类比已知矿点或矿化点，结合 1∶5 万化探异常，圈定的最小预测区面积可信度为 0.5。最小预测区内只存在 1∶5 万化探异常，并且最小预测区的圈定是根据 1∶5 万化探异常圈定的最小预测区，最小预测区面积可信度为 0.25。②延深可信度。根据预测区内含矿建造-构造的产状，同时类比已知模型区，确定的延深可信度为 0.5。③含矿系数可信度。与模型区处于不同的构造环境下，与已知模型区比较，含矿建造相同、1∶5 万化探异常特征相近。有已知矿床或矿化点的最小预测区，含矿系数可信度为 0.5，与模型区处于不同的构造环境下，与已知模型区比较，含矿建造相同，1∶5 万化探异常特征相近；没有已知矿点或矿化点的最小预测区，含矿系数可信度为 0.25。

第五节　预测区地质评价

一、预测区级别划分

最小预测区存在含矿建造，与已知模型区比较，含矿建造相同且存在矿床或矿点，并且最小预测区的圈定是在含矿建造出露区上圈定最小区域，最小预测区确定为 A 级。

最小预测区存在含矿建造，与已知模型区比较，含矿建造相同且存在矿化体，并且最小预测区的圈定是在含矿建造出露区上圈定最小区域，最小预测区确定为 B 级。

最小预测区存在含矿建造，与已知模型区比较，含矿建造相同，最小预测区的圈定是在含矿建造出露区上圈定的最小区域，最小预测区确定为 C 级。

二、评价结果综述

从锑矿预测区优选出的最小预测区，其中 A 类预测区 1 处，B 类预测区 5 处。

表 8-4-4 荒沟山-南岔预测工作区预测资源量可信度统计表

最小预测区编号	最小预测区名称	面积		延深		含矿系数		资源量综合	
		可信度	依据	可信度	依据	可信度	依据	可信度	依据
B2213201004	HNB－1	0.8	临江组、大栗子组含矿建造＋化探异常	0.8	模型区的最大勘探深度＋区域上古元古代含矿建造的勘探深度	0.5	相同的构造环境＋含矿建造＋化探异常	0.32	面积、延深、含矿系数可信度的乘积
B2213201005	HNB－2	0.8	临江组、大栗子组含矿建造＋化探异常	0.8	模型区的最大勘探深度＋区域上古元古代含矿建造的勘探深度	0.5	相同的构造环境＋含矿建造＋化探异常	0.32	面积、延深、含矿系数可信度的乘积
B2213201006	HNB－3	0.8	临江组、大栗子组含矿建造＋化探异常	0.8	模型区的最大勘探深度＋区域上古元古代含矿建造的勘探深度	0.5	相同的构造环境＋含矿建造＋化探异常	0.32	面积、延深、含矿系数可信度的乘积
B2213201007	HNB－4	0.8	临江组、大栗子组含矿建造＋化探异常	0.8	模型区的最大勘探深度＋区域上古元古代含矿建造的勘探深度	0.5	相同的构造环境＋含矿建造＋化探异常	0.32	面积、延深、含矿系数可信度的乘积

表 8-4-5 石咀-官马预测工作区预测资源量可信度统计表

最小预测区编号	最小预测区名称	面积		延深		含矿系数		资源量综合	
		可信度	依据	可信度	依据	可信度	依据	可信度	依据
A2213201001	SGA－1	0.8	含矿建造＋已知矿点＋化探异常	0.5	类比已知区	0.5	含矿建造＋已知矿点＋化探异常	0.2	面积、延深、含矿系数可信度的乘积
B2213201002	SGB－1	0.8	含矿建造＋化探异常	0.5	类比已知区	0.25	含矿建造＋化探异常	0.1	面积、延深、含矿系数可信度的乘积

第九章　单矿种(组)成矿规律总结

第一节　成矿(区)带划分

吉林省锑矿成矿(区)带划分见表 9-1-1。

表 9-1-1　吉林省锑矿成矿(区)带划分表

<table>
<tr><th>Ⅰ</th><th>Ⅱ</th><th>Ⅲ</th><th>Ⅳ</th><th>Ⅴ</th></tr>
<tr><td rowspan="3">Ⅰ-4 滨太平洋成矿域</td><td>Ⅱ-14 华北(陆块)成矿省</td><td>Ⅲ-56-②营口-长白(次级隆起、Pt1 裂谷)Pb、Zn、Fe、Au、Ag、U、B、P、菱镁矿、滑石成矿亚带</td><td>Ⅳ17 集安-长白 Au、Pb、Zn、Fe、Ag、B、P 成矿带</td><td>Ⅴ59 南岔-荒沟山 Au、Fe、Pb、Zn 找矿远景区</td></tr>
<tr><td rowspan="2">Ⅱ-13 吉黑成矿省</td><td>Ⅲ-55 吉中-延边(活动陆缘)Mo、Au、As、Cu、Zn、Fe、Ni 成矿带</td><td rowspan="2">Ⅳ5 山河-榆木桥子 Au、Ag、Mo、Cu、Fe、Pb、Zn 成矿带</td><td rowspan="2">Ⅴ10 石咀-官马 Au、Fe、Cu、Sb 找矿远景区</td></tr>
<tr><td>Ⅲ-55-①吉中 Mo、Ag、As、Au、Fe、Ni、Cu、Zn、W 成矿亚带</td></tr>
</table>

第二节　示范区矿床成矿系列(亚系列)和区域成矿谱系

吉林省锑矿成矿系列见表 9-2-1。

表 9-2-1　吉林省与锑矿成矿有关的矿床成矿系列表

矿床成矿系列类型	矿床成矿系列	矿床成矿亚系列	矿床式	典型矿床(点)	成矿时代
Ⅱ张广才岭-吉林哈达岭晚元古代、古生代、中生代 Fe、Au、Cu、Mo、Ni、Ag、Pb、Zn、Sb、P、S 成矿系列类型	Ⅱ-4 吉中地区与燕山期中酸性岩浆作用有关的 Au、Cu、Mo、Ag、Pb、Zn、Sb、Fe 矿床成矿系列	Ⅱ-4-②吉中地区与燕山期中酸性岩浆作用有关的 Cu、Mo、Au、Sb、Fe 矿床成矿亚系列	驿马式	驿马锑矿(三合屯)	

续表 9-2-1

矿床成矿系列类型	矿床成矿系列	矿床成矿亚系列	矿床式	典型矿床(点)	成矿时代
华北陆块北缘东段太古代、元古代、古生代、中生代 Au、Fe、Cu、Ag、Pb、Zn、Ni、Co、Mo、Sb、Pt、Pd、B、S、P、石墨、滑石矿床成矿系列类型	Ⅳ－6 吉南地区与燕山期岩浆热液作用有关的 Au、Cu、Pb、Zn、Sb、Ag、Mo 矿床成矿系列	Ⅳ－6－②吉南地区与燕山期岩浆热液作用有关的 Au、Pb、Zn、Sb、Ag 矿床成矿亚系列	青沟子式	青沟子锑矿	127.49 ± 8.38 ～ 197 ± 10Ma(陈尔臻,2001)

第三节 区域成矿规律图编制

1. 成因类型

吉林省锑矿成因类型主要为岩浆热液型和火山热液型。岩浆热液型代表性的矿床(点)有青沟子锑矿,火山热液型代表性的矿床(点)有磐石驿马锑矿。

2. 成矿构造背景

燕山早期形成的岩浆热液型锑矿主要产出的大地构造环境为华北东部陆块(Ⅱ)胶辽吉元古代裂谷带(Ⅲ)老岭坳陷盆地(Ⅳ)。

岩浆热液型磐石驿马锑矿产出的大地构造的二级构造岩浆带属于小兴安岭-张广才岭构造岩浆带西缘的磐石-双阳构造岩浆带(Ⅳ级)。

3. 控矿因素

锑矿受地层岩性控制明显,主要矿体赋存在临江岩组、大栗子岩组泥质碎屑岩中浅变质岩系的云母片岩、石英岩、千枚岩中,这些岩石有利于断层破碎带和节理裂隙的形成。其中断裂构造上下盘为绢云片岩、二云片岩,形成了较好的封闭条件,有利于矿液富集。区内临江岩组云母片岩是良好的屏蔽层,易形成规模较大的工业矿体。

4. 成矿物质来源

在片岩和石英岩中 Ag、Pb、Zn 含量高于地壳丰度值,Bi 含量与地壳丰度值相近,Sb 含量变化较大,总体与地壳丰度接近,Au、Cu、Sn、As、Hg 含量低于地壳丰度值;在辉绿岩中,Ag、Zn、Sb 含量高于地壳丰度值,Bi、Pb 含量接近地壳丰度值,Cu、Sn、As、Hg 含量低于地壳丰度值;Sb 在含十字石二云片岩、石英岩及辉绿岩等一些地层及脉岩中含量较高,高出地壳丰度值一个数量级以上,是锑矿成矿的主要矿质来源。

5. 成矿时代

吉林省锑矿形成时代为燕山早期。

第十章　结　论

一、主要成果

(1)本次采用地质体积法进行吉林省锑矿资源量预测，根据全国矿产资源潜力评价项目办公室《预测资源量估算技术要求》以及《预测资源量估算技术要求》(2010 年补充)通知要求开展。对全省 2 个主要锑矿成矿(区)带上的锑矿资源进行预测；编制了《吉林省锑矿预测资源量估算报告》。为今后吉林省锑矿找矿工作积累了宝贵的基础资料，为圈定找矿靶区、扩大锑矿找矿远景指明了方向。

(2)系统地收集了省域内的大比例尺资料，完成了典型矿床研究，为深入开展基础地质构造研究和矿产资源潜力评价建立了雄厚的基础。

(3)在成矿规律研究方面，从成矿控制因素和控矿条件分析入手，划分了我省锑矿矿床成因类型，遴选典型矿床，建立了综合找矿模型，为资源潜力评价建立各预测类型的预测准则奠定了基础。

(4)较详细地研究了省内含矿地层成矿岩体，控矿构造与物探、化探、遥感、重砂的关系，建立了各成矿要素的预测模型，为划分成矿远景区(带)提供了依据。

(5)以含矿建造和矿床成因系列理论为指导，以综合信息为依据，划分了省内Ⅲ—Ⅳ成矿远景预测区，并按矿种划分了Ⅲ级成矿预测远景区(带)类型，锑矿成矿预测区 2 个。这些预测远景区(带)为全省矿产资源潜力远景评价提供了不可缺少的找矿依据。

二、本次预测工作需要说明的问题

本次预测工作采用的典型矿床探明资源储量是引用原勘探地质报告的上表储量，部分矿区因后期进一步开展工作所探明的资源储量因资料问题没有统计，所以典型矿床的体积含矿系数相对偏小，由此也造成模型区的含矿地质体的含矿系数偏小，预测的总资源量相对偏低。

三、存在的问题及建议

建议在将来开展此项工作时，要调整技术流程。开展锑矿的预测工作，首先应该在 1∶25 万或 1∶20 万建造构造图的基础上，叠加 1∶25 万或 1∶20 万化探异常，在此基础上圈定 1∶25 万或 1∶20 万尺度的预测区；在 1∶25 万或 1∶20 万尺度预测区的范围内编制 1∶5 万构造建造图，叠加 1∶5 万化探异常，得到 1∶5 万最小预测区，开展资源储量预测；在 1∶5 万最小预测区的基础上亦可开展更大比例尺的资源预测。

主要参考文献

陈毓川,王登红,等,2010.重要矿产和区域成矿规律研究技术要求[M].北京:地质出版社.

陈毓川,王登红,等,2010.重要矿产预测类型划分方案[M].北京:地质出版社.

范正国,黄旭钊,熊胜青,等,2010.磁测资料应用技术要求[M]. 北京:地质出版社.

贺高品、叶慧文,1998.辽东—吉南地区中元古代变质地体的组成及主要特征[J]. 长春科技大学学报,28(2):152-162.

吉林省地质矿产局,1989.吉林省区域地质志[M]. 北京:地质出版社.

贾大成,1988.吉林中部地区古板块构造格局的探讨[J].吉林地质(3):58-63.

金伯禄,张希友,1994.长白山火山地质研究[M]. 延吉:东北朝鲜民族教育出版社.

李德威,1990.吉林省四平—梅河地区金、银、铜、铅、锌、锑、锡中比例尺成矿预测报告[R]. 长春:吉林省地质矿产局第三地质调查所.

李东津,万庆有,许良久,等,1997 .吉林省岩石地层[M].武汉:中国地质大学出版社.

刘尔义,徐公榆,李云,1984.吉林省南部晚元古代地层[J]. 中国区域地质(8):33-50.

刘嘉麒,1989.论中国东北大陆裂谷系的形成与演化[J]. 地质科学(3):209-216.

刘茂强,米家榕,1981.吉林临江附近早侏罗世植物群及下伏火山岩地质时代讨论[J]. 长春地质学院学报(3):18-20.

欧祥喜,马云国,2000. 龙岗古陆南缘光华岩群地质特征及时代探讨[J]. 吉林地质,19(9):16-25.

彭玉鲸,苏养正,1997. 吉林中部地区地质构造特征[J]. 沈阳地质矿产研究所所刊(5):335-376.

彭玉鲸,王友勤,刘国良,等,1982.吉林省及东北部临区的三叠系[J]. 吉林地质(3):5-23.

邵建波,范继璋,2004.吉南珍珠门岩组的解体与古-中元古界层序的重建[J]. 吉林大学学报:地球科学版,34(20):161-166.

陶南生,刘发,武世忠,等,1975 吉中地区石炭二叠纪地层[J]. 长春地质学院学报(1): 31-61.

王东方,1992.中朝地台北侧大陆构造地质[M]. 北京:地震出版社.

王友勤,苏养正,刘尔义,1997. 东北区区域地层[M]. 武汉:中国地质大学出版社.

王志新,1991.吉林省通化—浑江地区金银铜铅锌锑锡比例尺成矿预测报告[R]. 长春:吉林省地矿局第四地质调查所.

向运川,任天祥,牟绪赞,等,2010.化探资料应用技术要求[M]. 北京:地质出版社.

熊先孝,薛天兴,商朋强,等,2010.重要化工矿产资源潜力评价技术要求[M].北京:地质出版社.

殷长建,2003. 吉林南部古—中元古代地层层序研究及沉积盆地再造[D]. 长春:吉林大学.

于学政,曾朝铭,燕云鹏,等,2010.遥感资料应用技术要求[M]. 北京:地质出版社.

苑清杨,武世忠,苑春光,1985. 吉中地区中侏罗世火山岩地层的定量划分[J]. 吉林地质,(2):72-76.

张秋生,李守义,1985. 辽吉岩套——早元古宙的一种特殊化优地槽相杂岩[J]. 长春地质学院学报,39(1):1-12.

赵冰仪,周晓东,2009. 吉南地区古元古代地层层序及构造背景[J]. 世界地质,28(4):424-429.